Rudolf Rupp, Benedikt Plümper

Komplexe Potentiale

edition swk

Ebenfalls in der edition swk erschienen

Rolf Brigola
Fourier-Analysis und Distributionen
Eine Einführung mit Anwendungen

ISBN 978-3-8472-8742-1
436 Seiten, Hardcover, € 49,90
In Deutschland versandkostenfrei erhältlich im Shop der Edition unter
http://www.publish-books/editionswk

*edition swk ist eine Reihe in der gemeinnützigen Stiftung Studium, Wissenschaft, Kunst (www.stiftung-swk.de/edition-swk), die in Zusammenarbeit mit dem Hamburger Verlag tredition erscheint. Der tredition Verlag verlegt mit den TREDITION CLASSICS auch die größte Klassiker-Buchreihe der Welt. Kooperationspartner für tredition sind hierbei u.a. die „Gutenberg-Projekte". Diese Literatur-Projekte erhalten einen Teil der Verkaufserlöse als Unterstützung für ihre Arbeit.

Rudolf Rupp, Benedikt Plümper

Komplexe Potentiale

edition swk

Prof. Dr. Rudolf Rupp
Georg-Simon-Ohm-Hochschule
Fakultät Allgemeinwissenschaften
Keßlerplatz 12
90489 Nürnberg

Benedikt Plümper
Karlsruhe, Germany

© Rudolf Rupp, 2012

Erschienen in der edition swk (www.stiftung-swk.de/edition-swk)
Co-Verlag: tredition GmbH, Burchardstr. 21, 20095 Hamburg

ISBN: 978-3-8472-8743-8

Mathematics Subject Classification (2000): 30-01

Die Deutsche Nationalbibliothek verzeichnet diese Publikation in der Deutschen Nationalbibliografie; detaillierte bibliografische Angaben sind im Internet über http://dnb.d-nb.de abrufbar.

Das Werk, einschließlich seiner Teile, ist urheberrechtlich geschützt. Jede Verwertung ist ohne Zustimmung des Verlags und des Autors unzulässig. Dies gilt insbesondere für Vervielfältigungen, Übersetzungen, Mikroverfilmungen und die Einspeicherung und Verarbeitung in elektronischen Systemen.

Umschlaggestaltung: Tamara Pulkert, Nürnberg

Vorwort

Der vorliegende Text entstand aus der Vorlesung Komplexe Potentiale, die der erstgenannte Autor zweistündig in den Wintersemestern 1994 und 1996 an der Universität Karlsruhe hielt. Ziel der Vorlesung war ein anderer Blick auf gewisse Teile der Funktionentheorie, nämlich die Interpretation holomorpher Funktionen als komplexe Potentiale quellen- und wirbelfreier ebener Felder. Ausgehend von solchen Feldern wird der Begriff des komplexen Potentials erläutert sowie dessen Nützlichkeit bei der Berechnung der Strom- und Äquipotentiallinien. Dabei wird viel Wert auf die Verwendbarkeit der Schwarz-Christoffel-Formel gelegt. Zahlreiche Beispiele runden das Ganze (hoffentlich) ab.

Die Fälle, dass einer der Eckpunkte eines Polygons im Unendlichen liegt bzw. dass ein Urbildpunkt unendlich ist, werden ausführlich diskutiert. Die Problematik der nicht frei wählbaren Parameter in der Schwarz-Christoffel-Formel wird anhand des Beispiels des abgeknickten Kanals verdeutlicht. Auch die Bestimmung der Konstanten in der Schwarz-Christoffel-Formel mittels Residuen- und Integralmethode wird dargelegt.

Der zweitgenannte Autor hat dafür gesorgt, dass aus dem Vorlesungsmitschrieb eine LaTeX-Version wurde. Weiterhin hat er versucht, die physikalischen Aspekte klar herauszustellen und das ganze Skript so verständlich wie möglich zu gestalten. Dazu gehörte auch, die Skizzen mit xfig und die Abbildungen mit Maple zu erstellen.

Für die Unterstützung bei der mühseligen Korrekturarbeit und für zahlreiche Verbesserungsvorschläge, insbesondere im Kapitel 3, bedanken wir uns ganz herzlich bei Herrn Dr U. Böttger. Wir möchten auch den Hörerinnen und Hörern der Vorlesung danken. Ihre konstruktive Kritik des Stoffes trug wesentlich zum Verständnis (auch des Dozenten) bei.

Nürnberg, im Mai 2012

Rudolf Rupp, Benedikt Plümper

Inhaltsverzeichnis

1	Ebene Felder	1
2	Komplexe Potentiale	7
3	Umströmung von Konturen	35
4	Anwendung in der Aerodynamik	45
5	Umströmung eines Kreiszylinders	49
6	Das Kreistheorem und das Geradentheorem	57
7	Die Schwarz-Christoffel-Formel	67
8	Modifikation der Schwarz-Christoffel-Formel	73
9	Die Schwarz-Christoffel-Formel bei Ecken im Unendlichen	77
10	Konstantenbestimmung über Residuen	87
11	Konstantenbestimmung mittels Schleifenintegralen	97
12	Das Feld eines Plattenkondensators	105
13	Ausblick: Schlichte Abbildungen	109
	Literaturverzeichnis	113
	Index	114

Kapitel 1

Ebene Felder

Als Beispiel für ein (Geschwindigkeits-)Feld betrachten wir die Strömung eines inkompressiblen Fluids (z.B. einer Flüssigkeit oder eines Gases) bei einer Geschwindigkeit weit unterhalb der Schallgeschwindigkeit.

Ein Geschwindigkeitsfeld ist eine Vektorfunktion, die jedem Punkt $P \in \mathbb{R}^3$ zu jedem Zeitpunkt t die Geschwindigkeit $\vec{W}(P,t)$ des Fluids zuordnet.

Eine Strömung heißt *stationär*, falls das Geschwindigkeitsfeld von der Zeit t unabhängig ist, d.h. $\vec{W}(P,t) = \vec{W}(P)$ gilt.

Eine Strömung heißt *eben*, falls es eine Ebene E_0 gibt, so daß folgendes gilt:

1. Für jede zu E_0 parallele Ebene E ist die Geschwindigkeit an einem beliebigen Punkt $P_E \in E$ gleich der Geschwindigkeit an dem Punkt P_0, wobei P_0 die orthogonale Projektion von P_E auf E_0 ist.

2. In jedem Punkt ist der Geschwindigkeitsvektor parallel zu E_0.

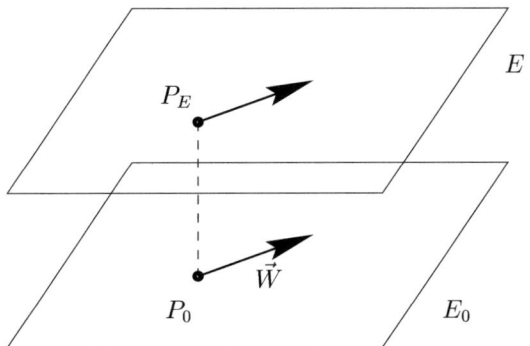

Wir betrachten im folgenden nur stationäre, ebene Strömungen. Wählt man das Koordinatensystem so, daß E_0 die xy-Ebene ist, lassen diese sich darstellen durch

$$\vec{W} = \vec{W}(x,y) = \begin{pmatrix} u(x,y) \\ v(x,y) \\ 0 \end{pmatrix}.$$

Damit läßt sich jede stationäre, ebene Strömung $\vec{W}$ in eine komplexe Funktion $w : \mathbb{C} \to \mathbb{C}$ übersetzen und umgekehrt:

$$w(x+iy) = u(x,y) + iv(x,y).$$

Dies erlaubt die Behandlung stationärer, ebener Strömungen mit den Mitteln der Funktionentheorie. Damit beschäftigt sich das vorliegende Skript.

Notation: In diesem Skript verwenden wir für reelle dreidimensionale Vektoren große und für reelle zweidimensionale Vektoren kleine Buchstaben mit einem Pfeil darüber. Die Buchstaben ohne Pfeil dagegen bezeichnen (reelle oder komplexe) Zahlen oder Funktionen. Wir identifizieren stets die xy-Ebene mit der komplexen Zahlenebene, d.h. (x,y) mit $x+iy$.

Ziel dieses Kapitels ist die komplexe und damit *zweidimensionale* Beschreibung einer stationären, ebenen Strömung.

Stationäre, ebene Strömungen sind beispielsweise eine gute Näherung für die Umströmung eines Gegenstandes mit konstantem Querschnitt, dessen Ausdehnung senkrecht zur Strömung groß im Vergleich zu seinem Schnitt mit der Strömungsebene ist. Die Umströmung einer Tragfläche (siehe Kapitel 4) ist hierfür ein Beispiel.

Sei $G \subset \mathbb{C}$ ein Gebiet, dessen Rand $C := \partial G$ eine stetig differenzierbare Jordankurve (d.h. eine geschlossene Kurve ohne Doppelpunkte) ist. Wir betrachten das Volumen $V = \{(x,y,\zeta) : x+iy \in G, 0 \leq \zeta \leq H\}$ mit $H > 0$. Die Oberfläche ∂V von V besteht aus drei Teilen: dem Deckel $\{(x,y,\zeta) : x+iy \in G, \zeta = H\}$, dem Boden $\{(x,y,\zeta) : x+iy \in G, \zeta = 0\}$ sowie dem Mantel $M = \{(x,y,\zeta) : x+iy \in C = \partial G, 0 \leq \zeta \leq H\}$.

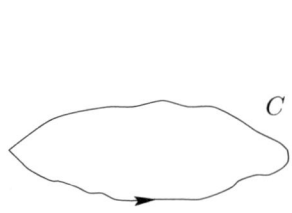
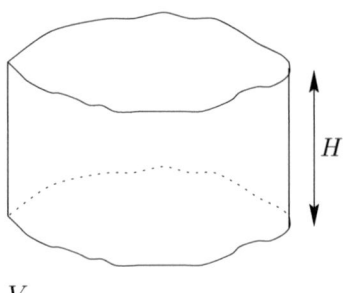

Allgemein ist der *Fluß* Φ *einer Strömung* $\vec{W}$ *durch eine Fläche F* definiert durch

$$\Phi := \iint_F \vec{W} \cdot \vec{N}\, do,$$

wobei $\vec{N}$ die äußere Normale der Fläche F bezeichnet. (Die äußere Normale ist nur bei geschlossenen Flächen definiert, bei nicht geschlossenen Flächen muß man eine Vorzeichenkonvention treffen.)

Für den *Fluß einer stationären, ebenen Strömung* $\vec{W}$ durch ∂V gilt dann

$$\Phi = \iint_{\partial V} \vec{W} \cdot \vec{N} \, do = \iint_M \vec{W} \cdot \vec{N} \, do,$$

da die Strömung parallel zu Boden und Deckel ist.

Parametrisiert man den Rand C von G nach der Bogenlänge (im mathematisch positiven Sinn), also $C: z = z(s) = x(s) + iy(s)$ mit $0 \leq s \leq L$, so erhält man für den zweidimensionalen Tangenteneinheitsvektor

$$\vec{t} = \begin{pmatrix} dx/ds \\ dy/ds \end{pmatrix} \quad \text{bzw.} \quad t = \frac{dx}{ds} + i\frac{dy}{ds} = \frac{dz}{ds}$$

und für die zweidimensionale äußere Normale:

$$\vec{n} = \begin{pmatrix} dy/ds \\ -dx/ds \end{pmatrix} \quad \text{bzw.} \quad n = \frac{dy}{ds} - i\frac{dx}{ds} = \frac{1}{i}\frac{dz}{ds} = -it.$$

Dies zeigt die Nützlichkeit der komplexen Schreibweise: Eine Drehung um $-90°$ ist einfach die Multiplikation mit $-i$.

Bemerkung: Da C bezüglich der Bogenlänge parametrisiert ist, sind $\vec{t}$ und $\vec{n}$ automatisch normiert, denn $|\vec{t}| = 1$ bzw. $|\vec{n}| = 1$ folgt direkt aus $ds^2 = dx^2 + dy^2$.

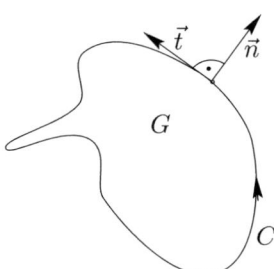

Für den dreidimensionalen Normalenvektor $\vec{N}$ auf der Manteloberfläche M gilt dann:

$$\vec{N} = \vec{N}(x(s), y(s), \zeta) = \begin{pmatrix} +y'(s) \\ -x'(s) \\ 0 \end{pmatrix} \quad (0 \leq s \leq L, 0 \leq \zeta \leq H).$$

Damit ergibt sich für Φ:

$$\begin{aligned}
\Phi &= \int_0^H \int_0^L \begin{pmatrix} u(x(s),y(s)) \\ v(x(s),y(s)) \\ 0 \end{pmatrix} \cdot \begin{pmatrix} y'(s) \\ -x'(s) \\ 0 \end{pmatrix} ds\, d\zeta \\
&= H \int_0^L [u(x(s),y(s))y'(s) - v(x(s),y(s))x'(s)]\, ds \\
&= H \oint_C u\, dy - v\, dx = H \oint_C \vec{w} \cdot \vec{n}\, ds.
\end{aligned}$$

Die vorletzte Zeile ist nichts anderes als die Definition der letzten, also des Kurvenintegrals längs $C : (x(s), y(s)), 0 \leq s \leq L$.

Man nennt $N := \oint_C u\, dy - v\, dx = \oint_C \vec{w} \cdot \vec{n}\, ds$ den *Fluß von* $\vec{w} := \begin{pmatrix} u \\ v \end{pmatrix}$ *durch* C (auch wenn N kein Fluß im physikalischen Sinn ist). Der „richtige" physikalische Fluß Φ ist stets proportional zu N (nämlich gleich HN).

Interpretation: Der Fluß Φ von $\vec{W}$ durch die Fläche F ist proportional zur Masse der pro Sekunde durch F strömenden Fluidmenge. Diese Menge ist vorzeichenbehaftet, d.h. sie besitzt ein positives Vorzeichen, wenn die Menge aus dem von F umschlossenen Volumen strömt und ein negatives im anderen Fall. (Ist F keine geschlossene Fläche, muß man eine Vorzeichenkonvention festlegen. Dieses Problem erwähnten wir bereits bei der Definition des Flusses.) Diese Interpretation bleibt im Zweidimensionalen erhalten. (Für weitere Details siehe Physik-Lehrbücher.)

Die *Zirkulation* eines beliebigen Vektorfeldes $\vec{W}$ längs einer beliebigen Kurve C ist definiert als
$$\Gamma := \oint_C \vec{W} \cdot \vec{T}\, ds,$$

wobei $\vec{T}$ der (dreidimensionale) Tangenteneinheitsvektor der Kurve C ist.

Handelt es sich nun um eine stationäre, ebene Strömung und liegt C in der xy-Ebene (parametrisiert bezüglich der Bogenlänge), so vereinfacht sich der Ausdruck zu

$$\begin{aligned}
\Gamma &= \oint_C \begin{pmatrix} u(x(s),y(s)) \\ v(x(s),y(s)) \\ 0 \end{pmatrix} \cdot \begin{pmatrix} x'(s) \\ y'(s) \\ 0 \end{pmatrix} ds \\
&= \oint_C u\, dx + v\, dy = \oint_C \vec{w} \cdot \vec{t}\, ds.
\end{aligned}$$

Die vorletzte Gleichung folgt aus der Definition des Kurvenintegrals längs $C : (x(s), y(s))$, $0 \leq s \leq L$.

Interpretation: Die Zirkulation ist ein Maß für die Wirbel eines Geschwindigkeitsfeldes (siehe Physik-Lehrbücher).

Kapitel 1. Ebene Felder

Definitionen:
Sei $G \subset \mathbb{C}$ ein Gebiet und $w := u + iv$ stetig differenzierbar in G.

1. w heißt *wirbelfrei (oder rotationsfrei) in G*, falls in jedem Punkt $z = x + iy$ aus G gilt:
$$\text{rot} \begin{pmatrix} u(x,y) \\ v(x,y) \\ 0 \end{pmatrix} = \vec{0}, \text{ d.h. } v_x - u_y = 0.$$

2. w heißt *quellenfrei in G*, falls in jedem Punkt $z = x + iy$ aus G gilt:
$$\text{div} \begin{pmatrix} u(x,y) \\ v(x,y) \\ 0 \end{pmatrix} = \text{div } \vec{w} = 0, \text{ d.h. } u_x + v_y = 0.$$

$u_x + v_y = 0$ wird auch *Kontinuitätsgleichung* genannt.

Es sei nun $D \subset \mathbb{C}$ einfach zusammenhängend, d.h. $\widehat{\mathbb{C}} \setminus D$ ($\widehat{\mathbb{C}} := \mathbb{C} \cup \{\infty\}$) ist zusammenhängend oder anschaulich gesprochen: D besitzt keine Löcher. Dann kann der ebene Gaußsche Integralsatz für jede in D gelegene Jordankurve C benutzt werden. Bezeichnet H das zur Linken von C liegende Gebiet, so folgt:

$$\begin{aligned} \Gamma &= \oint_C \vec{w} \cdot \vec{t}\, ds = \oint_C u\, dx + v\, dy \\ &= \iint_H (v_x - u_y)\, dx\, dy \\ N &= \oint_C \vec{w} \cdot \vec{n}\, ds = \oint_C (-v)\, dx + u\, dy \\ &= \iint_H (u_x - (-v)_y)\, dx\, dy = \iint_H (u_x + v_y)\, dx\, dy. \end{aligned}$$

Ist $\Gamma = 0$ bzw. $N = 0$ für *jede* stetig differenzierbare Jordankurve $C \subset D$, so muß $v_x - u_y = 0$ bzw. $u_x + v_y = 0$ gelten. Ist umgekehrt das Feld quellen- und wirbelfrei in D, so gilt offensichtlich $\Gamma = N = 0$. Damit haben wir den folgenden Satz bewiesen:

Satz 1.1 *Sei $D \subset \mathbb{C}$ ein einfach zusammenhängendes Gebiet, $w = u + iv$ ein stetig differenzierbares Vektorfeld auf D. Dann gilt:*
1) $w = u + iv$ quellenfrei in D $\Leftrightarrow$ für jede stetig differenzierbare Jordankurve $C \subset D$ gilt:
$$N = \oint_C u\, dy - v\, dx = \oint_C \vec{w} \cdot \vec{n}\, ds = 0.$$

2) $w = u + iv$ wirbelfrei in D $\Leftrightarrow$ für jede stetig differenzierbare Jordankurve $C \subset D$ gilt:
$$\Gamma = \oint_C u\, dx + v\, dy = \oint_C \vec{w} \cdot \vec{t}\, ds = 0.$$

Diesem Satz können wir also entnehmen, daß in einfach zusammenhängenden Gebieten die Wirbelfreiheit rot $\vec{W} = 0$ und verschwindende Zirkulation $\Gamma = 0$ äquivalent sind. Das gleiche gilt für die Quellenfreiheit div $\vec{W} = 0$ und verschwindenden Fluß $N = 0$. Dies ist jedoch *nicht* mehr der Fall in nicht einfach zusammenhängenden Gebieten, wie wir z.B. in Kapitel 2 bei der Wirbelquelle sehen werden. Dort ist die Zirkulation ungleich null, obwohl überall rot $\vec{W} = 0$ gilt. Der Grund hierfür ist, daß der Gaußsche Satz nur in einfach zusammenhängenden Gebieten gilt!

Beispiel: Parallelströmung

Die Geschwindigkeit sei in jedem Punkt der Strömung gleich groß und zeige in x-Richtung. Dann ist $w = c$ mit einem $c \in \mathbb{R}$, also $u(x,y) = c$, $v(x,y) = 0$. Dieses Vektorfeld erfüllt die Kontinuitätsgleichung sowie die Rotationsfreiheit: div $\begin{pmatrix} c \\ 0 \\ 0 \end{pmatrix} = 0$ und rot $\begin{pmatrix} c \\ 0 \\ 0 \end{pmatrix} = \vec{0}$.

Also ist diese Strömung quellen- und wirbelfrei.

Kapitel 2

Komplexe Potentiale

Erinnerung: f holomorph im Gebiet $G \subset \mathbb{C}$ $\Leftrightarrow$ $\lim_{z \to z_0} \frac{f(z) - f(z_0)}{z - z_0} =: f'(z_0)$ existiert für jeden Punkt $z_0 \in G$.

Ist $\varphi = \operatorname{Re} f$ und $\psi = \operatorname{Im} f$, so gilt: $f = \varphi + i\psi$ holomorph in G $\Leftrightarrow$ $\varphi_x = \psi_y$, $\varphi_y = -\psi_x$ in G. Dies sind die Cauchy-Riemannschen Differentialgleichungen. Ist $f = \varphi + i\psi$ holomorph in G, so gilt $f' = \varphi_x + i\psi_x = \psi_y - i\varphi_y$.

Satz 2.1 *Sei $G \subset \mathbb{C}$ ein einfach zusammenhängendes Gebiet und $w = u + iv$ sei quellen- und wirbelfrei in G. Dann gibt es eine bis auf eine additive Konstante eindeutig bestimmte holomorphe Funktion f auf G mit*

$$f'(z) = u(x,y) - i\,v(x,y) \quad (z = x + i\,y \in G).$$

Für $f(z) = \varphi(x,y) + i\,\psi(x,y)$ gilt:

$$\frac{\partial \varphi}{\partial x} = u, \quad \frac{\partial \varphi}{\partial y} = v, \text{ d.h. grad } \varphi \widehat{=} w$$

$$\frac{\partial \psi}{\partial x} = -v, \quad \frac{\partial \psi}{\partial y} = u, \text{ d.h. grad } \psi \widehat{=} i\,w$$

$$\varphi(x,y) - \varphi(x_0, y_0) = \int_{(x_0, y_0)}^{(x,y)} u\,dx + v\,dy = \operatorname{Re} \int_{z_0}^{z} f'(\zeta)d\zeta$$

$$\psi(x,y) - \psi(x_0, y_0) = \int_{(x_0, y_0)}^{(x,y)} -v\,dx + u\,dy = \operatorname{Im} \int_{z_0}^{z} f'(\zeta)d\zeta.$$

Die Integration ist dabei längs eines beliebigen z_0 und z verbindenden Integrationsweges in G zu nehmen.
Die Funktion f heißt komplexes Potential zu $w = u + i\,v$.

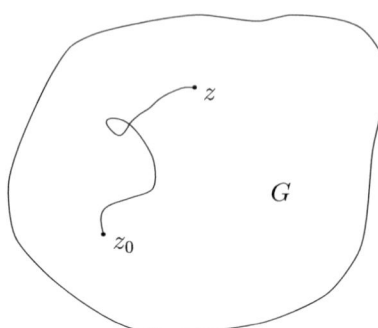

Beweis: $w = u + iv$ wirbelfrei in G heißt $v_x - u_y = 0$, d.h. $u_y = v_x$, und somit ist die *Integrabilitätsbedingung* für die Differentialgleichung

$$u\,dx + v\,dy = 0$$

erfüllt. Es existiert daher eine Funktion φ auf G mit

$$(1)\ \frac{\partial \varphi}{\partial x} = u,\ \frac{\partial \varphi}{\partial y} = v.$$

(Um die Existenz von φ auf dem gesamten Gebiet G zu sichern, braucht man die Voraussetzung, daß G *einfach zusammenhängend* ist.)

$w = u + iv$ quellenfrei bedeutet $u_x + v_y = 0$, d.h. $(-v)_y = u_x$. Dies bedeutet, daß das Integrabilitätskriterium für die Differentialgleichung

$$-v\,dx + u\,dy = 0$$

erfüllt ist. Also existiert ψ auf G mit

$$(2)\ \frac{\partial \psi}{\partial x} = -v,\ \frac{\partial \psi}{\partial y} = u.$$

$f := \varphi + i\psi$ ist holomorph in G, da die Cauchy-Riemannschen Differentialgleichungen erfüllt sind:

$$\varphi_x \stackrel{(1)}{=} u \stackrel{(2)}{=} \psi_y,\ \varphi_y \stackrel{(1)}{=} v \stackrel{(2)}{=} -\psi_x,$$

$$f'(z) = \varphi_x + i\psi_x = u - iv.$$

Die Formeln für φ, ψ folgen aus der Identität

$$\int_{z_0}^{z} f'(\zeta)d\zeta = \int_{z_0}^{z} (u - iv)(dx + i\,dy)$$
$$= \int_{z_0}^{z} (u\,dx + v\,dy) + i \int_{z_0}^{z} (-v\,dx + u\,dy).$$

Kapitel 2. Komplexe Potentiale _____ 9

Die linke Seite ergibt $f(z) - f(z_0)$, da f eine Stammfunktion von f' in G ist. Real- und Imaginärteil liefern die Formeln für $\varphi(x,y) - \varphi(x_0, y_0)$ und $\psi(x,y) - \psi(x_0, y_0)$.

Beispiel: Parallelströmung
Wir betrachten wieder das Beispiel aus dem ersten Kapitel: $w = c \in \mathbb{R}$, $c \neq 0$, also $u = c$, $v = 0$. Zuerst bestimmen wir den Realteil des komplexen Potentials. Aus $\varphi_x = u = c$, $\varphi_y = v = 0$ folgt direkt

$$\varphi(x,y) = cx + d.$$

Die Berechnung des Imaginärteils ist ebenso einfach. Mit $\psi_x = -v = 0$, $\psi_y = u = c$ bekommt man

$$\psi(x,y) = cy + e$$

und damit für das komplexe Potential $f(z)$:

$$f(z) = \varphi + i\psi = cx + d + i(cy + e) = c(x + iy) + d + ie = cz + A$$

mit der Konstanten $A := d + ie$.

Stromlinien
Eine *Stromlinie* ist eine Kurve C, entlang derer sich ein Massepunkt im Feld $\vec{w} = \begin{pmatrix} u \\ v \end{pmatrix}$ bewegt.

Bezeichnen $\vec{x}(t)$ und $\vec{v}(t)$ Ort bzw. Geschwindigkeit des Massepunktes zum Zeitpunkt t, so gilt $\vec{v}(t) = \vec{w}(\vec{x}(t))$. Die Forderung, daß sich der Massepunkt bewegt, bedeutet $\vec{v}(t) = \vec{w}(\vec{x}(t)) \neq \vec{0}$ für die betrachteten Zeitpunkte t. Es folgt, daß C eine glatte Kurve ist, denn $\vec{x}(t)$ ist stetig differenzierbar mit $\frac{d\vec{x}(t)}{dt} = \vec{v}(t) = \vec{w}(\vec{x}(t)) \neq \vec{0}$. Die Forderung der Bewegung im Feld $\vec{w}$ liefert:

$$\vec{0} = \vec{W} \times \dot{\vec{X}} = \begin{pmatrix} u \\ v \\ 0 \end{pmatrix} \times \begin{pmatrix} dx/dt \\ dy/dt \\ 0 \end{pmatrix} = \begin{pmatrix} 0 \\ 0 \\ \frac{u\,dy - v\,dx}{dt} \end{pmatrix}.$$

Dies ist die *Stromliniengleichung*: $-v\,dx + u\,dy = 0$.
Sei $f = \varphi + i\psi$ das komplexe Potential zu $w = u + iv$ im einfach zusammenhängenden Gebiet G. Dann gilt:

$$\psi_x = -v, \quad \psi_y = u \quad (\operatorname{grad}\psi \,\widehat{=}\, iw).$$

Dies bedeutet jedoch nichts anderes, als daß ψ die *Stammfunktion* zur Stromliniengleichung ist. Deshalb heißt ψ *Stromfunktion*. Auf Stromlinien gilt also $\psi(x,y) = $ const. und $\vec{w}(x,y) \neq \vec{0}$, d.h. Im $f(z) = $ const., $f'(z) \neq 0$.

Umgekehrt sichert $\vec{w}(x,y) \neq \vec{0}$, daß $\psi(x,y) = $ const. lokal auflösbar ist (Satz über implizite Funktionen). Für die dadurch erhaltene Kurve $(x(s), y(s))$ gilt also $\psi(x(s), y(s)) = $ const. Ableiten ergibt dann

$$0 = \frac{d}{ds}\psi(x(s), y(s)) = \psi_x(x(s), y(s))\frac{dx}{ds} + \psi_y(x(s), y(s))\frac{dy}{ds},$$

folglich
$$0 = (-v)\frac{dx}{ds} + u\frac{dy}{ds} = \begin{pmatrix} u \\ v \\ 0 \end{pmatrix} \times \begin{pmatrix} dx/ds \\ dy/ds \\ 0 \end{pmatrix}.$$

Der Tangentenvektor an die Kurve ist also in jedem Punkt parallel zum Geschwindigkeitsvektor $\vec{w}$. Stromlinien sind daher wie folgt gegeben:

Stromlinien: $\psi(x,y) = $ const., $\vec{w}(x,y) \neq \vec{0}$, d.h. Im $f(z) = $ const., $f'(z) \neq 0$.

Die Stromfunktion ist eine Potentialfunktion, d.h. es gilt $\triangle \psi = \psi_{xx} + \psi_{yy} = 0$, da sie der Realteil einer holomorphen Funktion ist.

Beispiel: Parallelströmung

Bisher wissen wir, daß Parallelströmungen das Potential $f(z) = cz + A$ mit einem $c \in \mathbb{R}$, $c \neq 0$, besitzen, also ist $\psi(x,y) = cy + e$ ($e = $ Im A). Für die Stromlinien muß gelten:

$$\psi(x,y) = \text{const.} =: \psi_0,$$

$$\text{d.h. } y = \frac{\psi_0 - e}{c}.$$

Dies sind Geraden parallel zur x-Achse. An diesem einfachen Beispiel sieht man direkt, daß in jedem Punkt einer Stromlinie der Geschwindigkeitsvektor $\vec{w}$ tangential zu dieser ist.

Bisher haben wir also gesehen, daß Strömungen durch holomorphe Funktionen beschrieben werden. Es gilt aber auch umgekehrt:

Satz 2.2 *Sei G ein einfach zusammenhängendes Gebiet und f holomorph in G. Dann ist $w(z) := \overline{f'(z)}$ ein quellen- und wirbelfreies Geschwindigkeitsfeld in G mit dem komplexen Potential $f(z)$.*

Beweis: Sei $f := \varphi + i\psi$. Dann folgt $f' = \varphi_x + i\psi_x$, d.h. $w = \varphi_x - i\psi_x$. w ist quellenfrei, denn div $\vec{w} = (\varphi_x)_x + (-\psi_x)_y \stackrel{CRD}{=} \varphi_{xx} + (\varphi_y)_y = \triangle\varphi = 0$; w ist wirbelfrei, denn

$$(-\psi_x)_x - (\varphi_x)_y \stackrel{CRD}{=} -\psi_{xx} - (\psi_y)_y = -\triangle\psi = 0.$$

Beispiele:

1. $f(z) := az$, $0 \neq a := \alpha + i\beta \in \mathbb{C}$, $G := \mathbb{C}$
   $w = \overline{f'(z)} = \overline{a} = \alpha - i\beta$
   $f(z)$ beschreibt eine *Parallelströmung* in Richtung von $\overline{a}$: Für die *Stromlinien* muß gelten:
   $$\psi(x,y) = \text{Im } f(x,y) = \text{Im } (\alpha + i\beta)(x + iy)$$
   $$= \beta x + \alpha y \stackrel{!}{=} \text{const.}$$
   Dies sind Geraden mit *Normalenvektor* $\begin{pmatrix} \beta \\ \alpha \end{pmatrix} \perp \begin{pmatrix} \alpha \\ -\beta \end{pmatrix} (\widehat{=} \overline{a})$

Kapitel 2. Komplexe Potentiale _____ 11

2. $f(z) := z^2$, $G := \mathbb{C}$
$w = \overline{f'(z)} = 2\overline{z}$, $\psi = \text{Im } f = \text{Im } z^2 = \text{Im } (x^2 + 2ixy - y^2) = 2xy$.
Die Stromlinien ($\psi = 2xy = \text{const.}$, $f'(z) = 2z \neq 0$) sind Hyperbeln bzw. die positive oder negative reelle bzw. imaginäre Achse. Ist G der erste Quadrant, so beschreibt $w = 2\overline{z}$ eine quellen- und wirbelfreie Strömung um die 90°-Ecke im Ursprung!

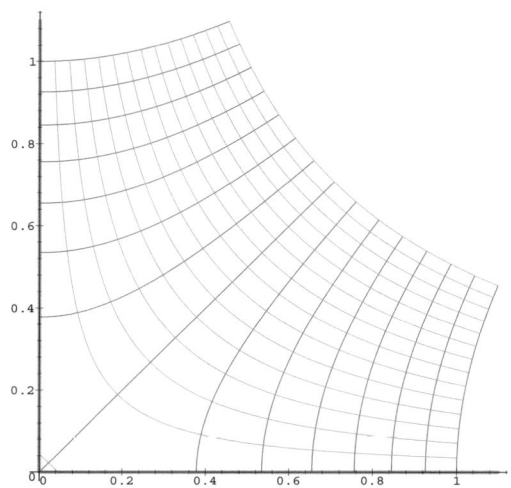

Abbildung 2.1: quellen- und wirbelfreie Strömung um die 90°-Ecke im Ursprung

Definition: Ist $G \subset \mathbb{C}$ ein (nicht notwendigerweise einfach zusammenhängendes) Gebiet, $w(z)$ ein quellen- und wirbelfreies Feld in G und ist eine in G holomorphe Funktion $f(z)$ gegeben mit

$$w(z) = \overline{f'(z)} \quad (z \in G),$$

so heißt $f(z)$ *komplexes Potential* zu $w(z)$; $f(z)$ ist bis auf eine additive Konstante eindeutig bestimmt.

Daß es zu einem quellen- und wirbelfreien Feld überhaupt ein komplexes Potential gibt, ist bisher nur in einfach zusammenhängenden Gebieten nachgewiesen worden (Satz 2.1). Was ist, falls G nicht einfach zusammenhängend ist? Sei G ein mehrfach zusammenhängendes Gebiet und w quellen- und wirbelfrei in G.

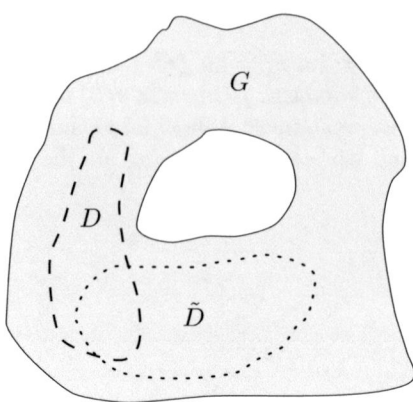

Zu jedem einfach zusammenhängenden Teilgebiet $D, \tilde{D} \subset G$ existiert das komplexe Potential $f_D(z)$, $f_{\tilde{D}}(z)$ als *holomorphe Funktion*, die bis auf eine additive Konstante eindeutig bestimmt ist. In jedem Teilgebiet von $D \cap \tilde{D}$ gilt daher:

$$f_D(z) = f_{\tilde{D}}(z) + \text{const.}$$

Stets gilt aber $f'_D(z) = \overline{w(z)} = f'_{\tilde{D}}(z)$. Man sagt: Das komplexe Potential ist eine *mehrdeutige* holomorphe Funktion mit *eindeutiger* Ableitung. (Mathematisch gesehen müßte man dafür holomorphe Funktionen auf Riemannschen Flächen betrachten.)

Physikalisch bereitet dies keine Schwierigkeiten, da immer nur die Kraft, also die Ableitung des Potentials, gemessen wird und nie das Potential selber.

Bemerkung: Satz 2.2 gilt auch in nicht einfach zusammenhängenden Gebieten.

Kapitel 2. Komplexe Potentiale

Beispiel: Isolierte Quelle bzw. Senke

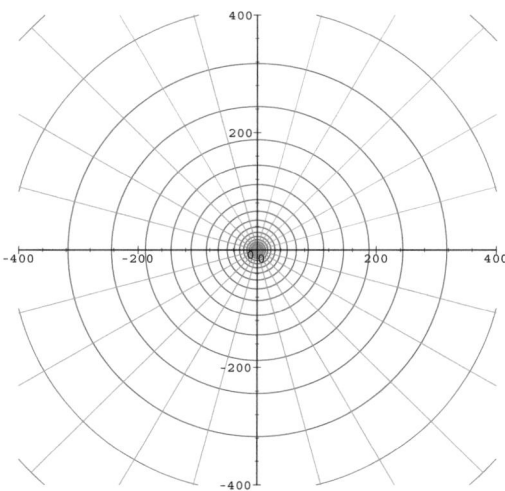

Abbildung 2.2: Quelle im Ursprung

Gesucht ist das Geschwindigkeitsfeld $w = u + iv$ einer isolierten ebenen Quelle in $z_0 = 0$. Ansonsten sei w quellen- und wirbelfrei in $\mathbb{C} \setminus \{0\}$. Es ist naheliegend, einen radialsymmetrischen Ansatz zu benutzen:

$$\vec{w} = c(r) \cdot \frac{\vec{r}}{r} \quad \text{mit } r = |\vec{r}|.$$

Bestimmung von $c(r)$: Sei $C : |z| = r$ der positiv orientierte Kreis um den Ursprung mit Radius r, d.h. $x^2 + y^2 = r^2$. Für den Normalenvektor auf der Kreislinie C gilt: $\vec{n} = \frac{\vec{r}}{r}$.

$$\begin{aligned} N(r) &= \oint_{|z|=r} \vec{w} \cdot \vec{n} \, ds = \oint_{|z|=r} c(r) \cdot \frac{\vec{r}}{r} \cdot \frac{\vec{r}}{r} \, ds \\ &= \oint_{|z|=r} c(r) \, ds = 2\pi r \, c(r) \end{aligned}$$

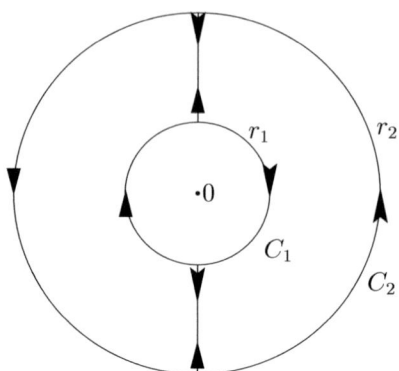

Verwendet man nun den ebenen Gaußschen Satz für folgendes Integral

$$\oint_{C_1} \vec{w}\cdot\vec{n}\,ds + \oint_{C_2} \vec{w}\cdot\vec{n}\,ds = \iint_{r_1\leq |z|\leq r_2} \underbrace{\operatorname{div}\vec{w}}_{=0}\,dx\,dy,$$

d.h. $\oint_{|z|=r_2} \vec{w}\cdot\vec{n}\,ds - \oint_{|z|=r_1} \vec{w}\cdot\vec{n}\,ds = 0,$

so ergibt sich $N(r_2) - N(r_1) = 0$, d.h. $N(r) = \text{const.} =: N$. Ergebnis:

$$c(r) = \frac{N}{2\pi r}, \quad \vec{w} = \frac{N}{2\pi}\frac{\vec{r}}{r^2}, \quad \vec{r} = \begin{pmatrix} x \\ y \end{pmatrix}.$$

N heißt *Quellenstärke (Ergiebigkeit)*.

Komplexes Potential: Wir kennen nun $w = u + iv$ mit $u(x,y) = \frac{N}{2\pi}\frac{x}{x^2+y^2}$, und $v(x,y) = \frac{N}{2\pi}\frac{y}{x^2+y^2}$.

Gesucht ist eine (mehrdeutige) Funktion f, die holomorph in jedem einfach zusammenhängenden Gebiet $D \subset \mathbb{C}\setminus\{0\}$ ist mit $u + iv = \overline{f'(z)}$. Ansatz: $f = \varphi + i\psi$ und grad $\varphi \mathrel{\widehat{=}} u + iv$ sowie grad $\psi \mathrel{\widehat{=}} iw = -v + iu$. In der rechten Halbebene erhalten wir:

$$\varphi_x = \frac{N}{2\pi}\frac{x}{x^2+y^2}, \text{ d.h. } \varphi(x,y) = \frac{N}{4\pi}\ln(x^2+y^2) + h(y)$$

$\varphi_y = \frac{N}{2\pi}\frac{y}{x^2+y^2} \stackrel{!}{=} \frac{N}{2\pi}\frac{y}{x^2+y^2} + h'(y)$, d.h. $h'(y) = 0$, also $h(y) = \text{const.}$ und damit

$$\varphi(x,y) = \frac{N}{4\pi}\ln(x^2+y^2) + \text{const.}$$

Die additive Konstante ist dabei unwesentlich.

$$\psi_x = -v = -\frac{N}{2\pi}\frac{y}{x^2+y^2}, \text{ d.h. } \psi(x,y) = \frac{N}{2\pi}\arctan\left(\frac{y}{x}\right) + g(y)$$

Kapitel 2. Komplexe Potentiale ───────────────────────────────── 15

$$\psi_y = u = \frac{N}{2\pi} \frac{x}{x^2 + y^2} \stackrel{!}{=} \frac{N}{2\pi} \frac{1/x}{1 + (y/x)^2} + g'(y),$$

d.h. $g'(y) = 0$, also $g(y) = \text{const.}$, bzw.

$$\psi(x, y) = \frac{N}{2\pi} \arctan\left(\frac{y}{x}\right) + \text{const.}$$

Bemerkung: Die Beschränkung auf die rechte Halbebene sichert uns, daß stets $x \neq 0$ gilt.

Insgesamt erhalten wir damit für das komplexe Potential:

$$\begin{aligned} f(z) &= \varphi + i\psi = \frac{N}{2\pi} \ln\sqrt{x^2 + y^2} + \frac{N}{2\pi} i \arctan\left(\frac{y}{x}\right) + \text{const.} \\ &= \frac{N}{2\pi} [\ln|z| + i \arg z] + \text{const.} \\ &= \frac{N}{2\pi} \log z + \text{const.} \end{aligned}$$

f ist eine mehrdeutige holomorphe Funktion ($\log z = \ln|z| + i \arg z + 2k\pi i$, $k \in \mathbb{Z}$) mit der eindeutigen Ableitung $f'(z) = \frac{N}{2\pi} \frac{1}{z}$.

Fazit: $w = \frac{N}{2\pi} \frac{1}{\bar{z}}$, $f(z) = \frac{N}{2\pi} \log z$.

Stromlinien: $\psi(x, y) = \text{const.} = \frac{N}{2\pi} \arctan\left(\frac{y}{x}\right)$, also gilt $\frac{y}{x} = \alpha$ für ein $\alpha \in \mathbb{R}$. Dies sind *Halbstrahlen*, die von Ursprung ausgehen.

Satz 2.3 (Logarithmischer Singularitätensatz) *Sei $G \subset \mathbb{C}$ ein Gebiet mit n Löchern $D_1, D_2, \ldots, D_n$, sei $w = u + iv$ quellen- und wirbelfrei in G und die Punkte $z_j \in D_j$, $j = 1, \ldots, n$ seien fest gewählt. Dann gibt es komplexe Zahlen c_j, $j = 1, \ldots, n$ und eine in G holomorphe Funktion g, so daß*

$$f(z) := g(z) + \sum_{j=1}^{n} c_j \log(z - z_j)$$

das komplexe Potential zu w ist, d.h. es gilt $w(z) = \overline{f'(z)}$.

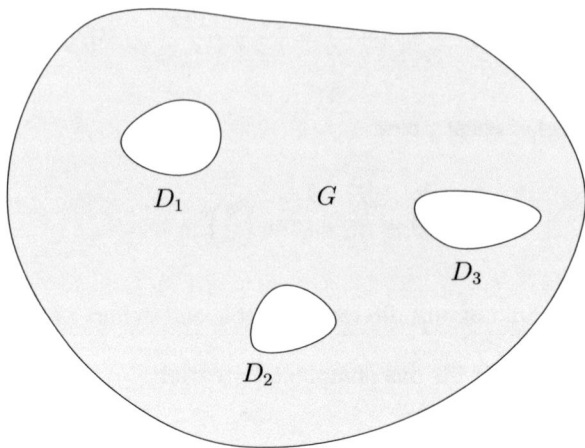

Beweisidee: Ist $D \subset G$ eine Kreisscheibe, so existiert das komplexe Potential f_D auf D, d.h. es gilt dort $\overline{w} = u - iv = f_D'$. Da dies für jede Kreisscheibe $D \subset G$ gilt, ist $\overline{w}$ eine holomorphe Funktion auf G (als Ableitung einer holomorphen Funktion ist f_D' selbst holomorph). Gesucht sind also komplexe Zahlen c_j, so daß gilt:

$$\overline{w(z)} - \sum_{j=1}^{n} \frac{c_j}{z - z_j} =: h(z)$$

besitzt eine Stammfunktion $g(z)$ auf G, d.h. $g'(z) = h(z)$.
Für $f(z) := g(z) + \sum_{j=1}^{n} c_j \log(z - z_j)$ gilt dann $f'(z) = \overline{w(z)}$.

Die Existenz einer Stammfunktion ist äquivalent zum Verschwinden des Umlaufintegrals längs *jeden* geschlossenen Integrationsweges. Wählt man speziell stetig differenzierbare, paarweise verschiedene Jordankurven $\gamma_j \subset G$ $(j = 1, \ldots, n)$, die jeweils das Loch D_j genau einmal umlaufen (und keines der anderen Löcher, siehe Skizze), so muß gelten:

$$(*) \qquad \oint_{\gamma_j} h(z)\, dz = 0.$$

Kapitel 2. Komplexe Potentiale _____ 17

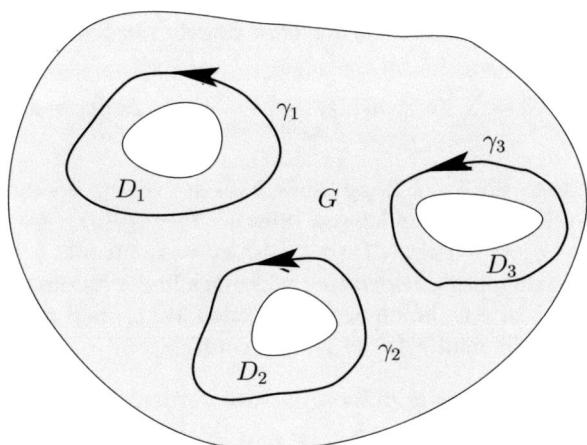

Eine Version des Cauchyschen Integralsatzes (für beliebige Gebiete und nullhomologe Zykel) sichert die Existenz der Stammfunktion $g(z)$ zu $h(z)$ auf G, falls $(*)$ gilt!
Wir berechnen:

$$\begin{aligned} 0 &= \oint_{\gamma_j} \overline{w(z)}\, dz - \sum_{k=1}^{n} c_k \oint_{\gamma_j} \frac{dz}{z - z_k} \\ &= \oint_{\gamma_j} \overline{w(z)}\, dz - 2\pi i c_j \qquad (j = 1, \ldots, n). \end{aligned}$$

(Alle Punkte z_k für $k \neq j$ liegen außerhalb des von γ_j berandeten, beschränkten Gebietes.)
Wählt man $c_j := \frac{1}{2\pi i} \oint_{\gamma_j} \overline{w(z)}\, dz$ $(j = 1, \ldots, n)$, so gilt $(*)$, und damit existiert die Stammfunktion $g(z)$ auf G.

Bemerkungen:

1. Sind $z_1, \ldots, z_n$ fest gegeben, so sind die Zahlen $c_1, \ldots, c_n$ *eindeutig* bestimmt, somit unabhängig von der speziellen Wahl der Kurven γ_j. Ebenso ist die Funktion g bis auf eine additive Konstante eindeutig bestimmt. Denn für zwei Tupel $c_1, \ldots, c_n$ und $d_1, \ldots, d_n$ und zwei Funktionen g_1, g_2 wäre ja

$$f_1(z) - f_2(z) = \sum_{j=1}^{n}(c_j - d_j)\log(z - z_j) + g_1(z) - g_2(z).$$

Differentiation ergibt dann wegen $f_1'(z) = \overline{w(z)} = f_2'(z)$:

$$0 = f_1'(z) - f_2'(z) = \sum_{j=1}^{n} \frac{c_j - d_j}{z - z_j} + (g_1(z) - g_2(z))'.$$

Integriert man längs der Kurve γ_k aus dem Beweis von Satz 2.3, so erhält man

$$0 = \sum_{j=1}^{n}(c_j - d_j) \oint_{\gamma_k} \frac{dz}{z - z_j} + 0 = 2\pi i(c_k - d_k),$$

denn alle Punkte z_j für $j \neq k$ liegen außerhalb des von γ_k berandeten, beschränkten Gebietes. Außerdem verschwindet das Integral über $(g_1(z) - g_2(z))'$, da die Stammfunktion $g_1(z) - g_2(z)$ existiert. Damit folgt $c_j = d_j$ für alle $j = 1, \ldots, n$, und zwei komplexe Potentiale unterscheiden sich höchstens in der holomorphen Funktion $g(z)$. Aber $g_1(z) - g_2(z)$ ist eine holomorphe Funktion auf G, und mit $0 = f_1'(z) - f_2'(z) = (g_1(z) - g_2(z))'$ erhält man $g_1(z) = g_2(z) +$ const.

2. Ist C eine geschlossene stetig differenzierbare Jordankurve in G, so gilt für die Ergiebigkeit $N = \oint_C u\,dy - v\,dx = \oint_C \vec{w} \cdot \vec{n}\,ds$ und die Zirkulation $\Gamma = \oint_C u\,dx + v\,dy = \oint_C \vec{w} \cdot \vec{t}\,ds$ nach wie vor die Beziehung

$$\Gamma + iN = \oint_C f'(z)\,dz.$$

3. Nach unserer Definition sind die Zahlen $c_1, \ldots, c_n$ unabhängig von der speziellen Wahl der Punkte $z_1, \ldots, z_n$ in den Löchern $D_1, \ldots, D_n$, da ja die Funktion $\overline{w(z)}$ längs der Kurven γ_j integriert wird.

In den von uns betrachteten Fällen wird also die Mehrdeutigkeit des komplexen Potentials ausschließlich durch Logarithmusterme verursacht! ($g(z)$ dagegen ist eine im üblichen Sinne holomorphe Funktion.)

Interpretation: Hindernisse in Strömungen lassen sich also durch geeignete Wirbelquellen ersetzen (siehe Kapitel 5).

Bisher haben wir nur strömungsmechanische Modelle behandelt. Nun wenden wir uns zeitunabhängigen Problemen in der Elektrodynamik, also der Elektro- bzw. Magnetostatik zu. Hier treten ebene Felder u.a. beim Plattenkondensator, bei zylindersymmetrischen Problemen (z.B. ein stromdurchflossener Draht, Linienladungen) etc. auf.

Wir setzen an dieser Stelle voraus, daß der Leser mit dem Konzept des elektrischen Feldes vertraut ist. Es sei $E := u + iv$ der Feldstärkevektor in jedem Punkt z des zugrundeliegenden Gebietes $G \subset \mathbb{C}$. Die Maxwell-Gleichungen garantieren uns, daß das elektrische Feld überall dort quellenfrei ist, wo die Ladungsdichte null ist, also z.B. außerhalb der Linienladungen und der Berandungen. Die Wirbelfreiheit ist bei zeitunabhängigen Problemen immer gegeben (rot $\vec{E} = -\dot{\vec{B}}$).

Nach Satz 2.1 existiert daher in jedem einfach zusammenhängenden Gebiet G eine holomorphe Funktion $F = \Phi + i\Psi$ mit $E(z) = -\overline{F'(z)}$.

Kapitel 2. Komplexe Potentiale

$F(z)$ heißt *komplexes Potential* des elektrischen Feldes $E(z) = -\overline{F'(z)}$. Es gilt:

$$E(z) = -\text{grad}\,\Phi(z), \quad i\,E(z) = -\text{grad}\,\Psi(z)$$

d.h. $\Phi(z)$ ist die *Potentialfunktion* zum ebenen elektrischen Feld $\vec{E}$.

Eine *Feldlinie* ist eine Kurve, deren Tangentenvektor stets parallel zu $\vec{E}$ ist. Daraus folgt wieder wie bei den Stromlinien die

$$\text{\textit{Feldliniengleichung:}} \; -v\,dx + u\,dy = 0\,, E(z) = u(z) + iv(z) \neq 0.$$

Für die Feldliniengleichung ist $-\Psi$ eine Stammfunktion, denn es gilt $-\text{grad}\,\Psi \mathrel{\widehat{=}} i\,E = i\,[u + i\,v] = -v + i\,u$.

Feldlinien: $\Psi(x,y) = \text{const.}, E(z) \neq 0$, d.h. Im $F(z) = \text{const.}, F'(z) \neq 0$. Ψ heißt ebenfalls *Stromfunktion*.

Anmerkungen:

1. Das Minuszeichen in der Definition von F ist rein physikalisch motiviert. Anschaulich gesprochen sorgt es dafür, daß die Kraft $\vec{F} = e \cdot \vec{E}$ in Richtung der größten Abnahme des Potentials zeigt, während $\text{grad}\,\Phi$ immer entgegengesetzt ist, nämlich in Richtung der größten Zunahme. Für die Mathematik ist das Minuszeichen weder notwendig noch hinderlich.

2. Ebenso physikalisch motiviert ist der Zugang zum Potential über das elektrische Feld. Man könnte auch mit folgender Definition beginnen:
   Das ebene elektrische Feld $\vec{E}$ ist eine Funktion, für die es eine Potentialfunktion Φ (d.h. $\triangle\Phi = 0$) gibt mit $\vec{E} = -\text{grad}\,\Phi$. In jedem einfach zusammenhängenden Gebiet $G \subset \mathbb{C}$ gibt es eine harmonisch Konjugierte Ψ zu Φ, d.h. $F := \Phi + i\,\Psi$ ist holomorph in G. F heißt komplexes Potential des elektrischen Feldes.

3. Die Definitionen für das magnetische Feld sind ganz analog, allerdings ist es nur außerhalb von elektrischen Strömen wirbelfrei ($\text{rot}\,\vec{B} = \vec{j}$).

Sicherlich sind dem Leser bereits die Ähnlichkeiten zwischen der Elektrostatik und der Strömungsmechanik aufgefallen. Hier folgt nun eine direkte Gegenüberstellung.

Übersetzungsregel bei quellen- und wirbelfreien Feldern:

Geschwindigkeitsfeld	elektrische/magnetische Feldstärke
$w = u + iv$	$E = u + iv$
komplexes Potential lokal:	komplexes Potential lokal
$f = \varphi + i\psi$ mit	$F = \Phi + i\Psi$ mit
grad $\varphi \hat{=} w$, grad $\psi \hat{=} iw$	$-$grad $\Phi \hat{=} E, -$grad $\Psi \hat{=} iE$
$w = \overline{f'(z)}$	$E = -\overline{F'(z)}$
	Φ Potentialfunktion,
ψ Stromlinienfunktion	$(-)\Psi$ Stromfunktion
	Äquipotentiallinien:
	Re $F(z) = \Phi(z) =$ const.
Stromlinien:	Feldlinien:
$\psi(z) =$ Im $f(z) =$ const., $f'(z) \neq 0$	$\Psi(z) =$ Im $F(z) =$ const., $F'(z) \neq 0$

Bemerkung: Kennt man die Lösung für ein strömungsmechanisches Problem und möchte nun ein elektrostatisches Problem mit der gleichen Geometrie betrachten (z.B. indem man in Abbildung 2.1 die Wände, die die Strömung begrenzen, durch geladene Platten ersetzt), muß man beachten, daß aus den Stromlinien nun Äquipotentiallinien werden. Stromlinie bedeutet Im $f(z) =$ const., Äquipotentiallinien aber Re $F(z) =$ const. Daher muß man $F(z) = \pm if(z)$ wählen. Das Vorzeichen muß man dem jeweiligem Problem anpassen.

Im elektrostatischen Modell schneiden sich eine Äquipotentiallinie $\alpha(s)$ und eine Feldlinie $\beta(s)$ *senkrecht* in dem Punkt z_0, falls $w(z_0) \neq 0$ gilt. Diese bekannte Tatsache leiten wir nun mittels der Funktionentheorie her: Nach Voraussetzung liegt z_0 auf beiden Kurven und es gilt $w(z_0) \neq 0$. Für das komplexe Potential bedeutet dies:

$$\text{Re } f(\alpha(s_0)) = \text{Re } f(z_0) = c_1, \quad \text{Im } f(\beta(s_0)) = \text{Im } f(z_0) = c_2, \quad f'(z_0) \neq 0.$$

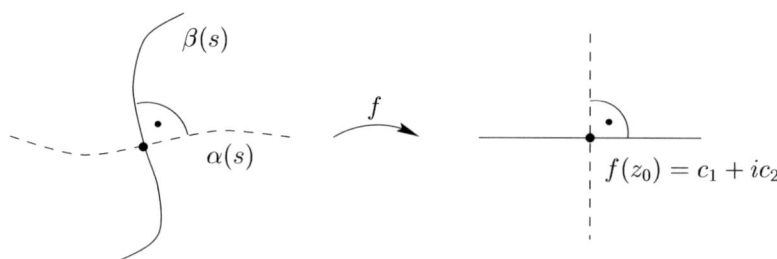

Das heißt, $f(z)$ ist konform in z_0, und der Schnittwinkel von $\alpha(s)$ und $\beta(s)$ in z_0 ist $\frac{\pi}{2}$. Für den Fall, daß $w(z_0) = \overline{f'(z_0)} = 0$ ist, verweisen wir auf den Ausblick am Ende dieses Kapitels.

Kapitel 2. Komplexe Potentiale

Beispiel: (unendlich ausgedehnter) homogener Plattenkondensator

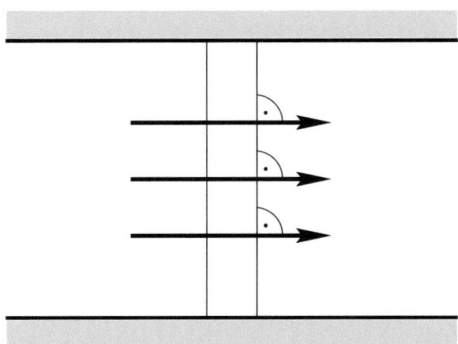

$E = c \in \mathbb{R}$, d.h. $F(z) = -c\,z$, denn F ist bis auf eine additive Konstante durch $E(z) = -\overline{F'(z)}$ festgelegt.

Bisher haben wir als Beispiele $f(z) = c\,z$ und $f(z) = d \log z$ mit $c, d \in \mathbb{R}$ kennengelernt. Welche Felder ergeben sich, falls $c, d \in \mathbb{C}$ zugelassen ist? Der erste Teil ist einfach zu beantworten: $f(z) = c\,z$ mit $c \in \mathbb{C}$ beschreibt eine Parallelströmung in Richtung $\bar{c}$.

Für den zweiten Teil betrachten wir zunächst den Fall $f(z) = -i \log z$. Daraus folgt: $w = \overline{f'(z)} = \overline{-i\frac{1}{z}} = i\frac{1}{\bar{z}}$. Dieser Geschwindigkeitsvektor ist gegenüber dem Geschwindigkeitsvektor der *Quelle* $\frac{1}{\bar{z}}$ um $+\frac{\pi}{2}$ gedreht!

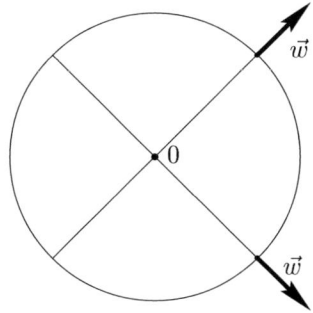 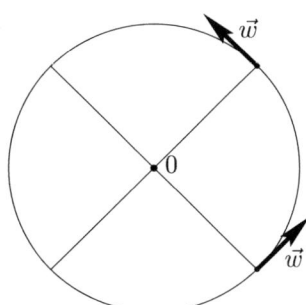

Das Feld beschreibt also eine *Wirbelbewegung* um 0. Für den Fluß N und die Zirkulation Γ längs des Kreises $\{|z| = r\}$ ergibt sich nach Bemerkung 2 zum Logarithmischen Singularitätensatz:

$$\Gamma + i\,N = \oint_{|z|=r} f'(z)\,dz,$$

d.h.
$$\Gamma + iN = -i\oint_{|z|=r} \frac{1}{z}dz = -i \cdot 2\pi i = 2\pi,$$
also $\Gamma = 2\pi$, $N = 0$.

$f(z) := -i\frac{\Gamma}{2\pi}\log z = \frac{\Gamma}{2\pi i}\log z$ beschreibt einen *Wirbel* um $z_0 = 0$ der Wirbelstärke Γ.

Addieren wir in $z_0 = 0$ eine Quelle mit der Ergiebigkeit N und einen Wirbel der Stärke Γ, so ergibt sich:

$f(z) := \frac{\Gamma + iN}{2\pi i}\log z$ *beschreibt eine Wirbelquelle in $z_0 = 0$ der (komplexen) Stärke $\Gamma + iN$.*

Bestimmung der Stromlinien:

$$\begin{aligned}\operatorname{Im} f(z) &= \operatorname{Im}\left\{\left(\frac{N}{2\pi} - i\frac{\Gamma}{2\pi}\right)(\ln|z| + i\arg z)\right\} \\ &= \frac{N}{2\pi}\arg z - \frac{\Gamma}{2\pi}\ln|z| \stackrel{!}{=} c.\end{aligned}$$

N.B.: Es gilt stets $f'(z) = \frac{\Gamma + iN}{2\pi i}\frac{1}{z} \neq 0$.

Die Stromlinien sind sogenannte *logarithmische Spiralen*: $z = r\,e^{i\varphi}$. Einsetzen liefert:

$$\frac{N}{2\pi}\varphi - \frac{\Gamma}{2\pi}\ln r = c \Leftrightarrow \ln r = \frac{N}{\Gamma}(\varphi - 2\pi c).$$

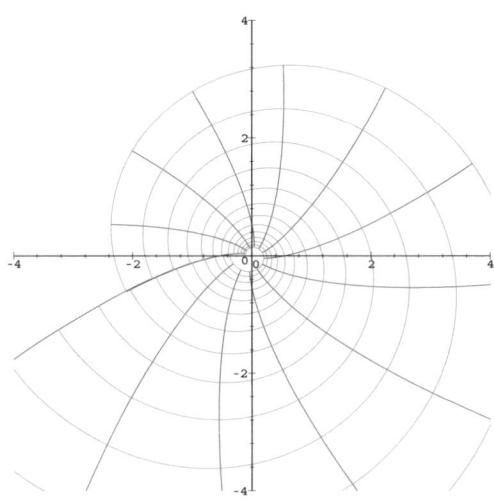

Abbildung 2.3: Wirbelquelle um $z_0 = 0$

Die Dipolströmung:

Gegeben sind zwei in $z_1 = -h$ und $z_2 = +h$ gelegene Quellen mit den Quellenstärken $\pm N$, $N > 0$. ($-N$ bedeutet eine Senke.) Um das komplexe Potential f_h zu erhalten, addieren wir beide komplexe Potentiale (denn dann addieren sich auch die Ableitungen und damit die Geschwindigkeiten).

$$f_h(z) = \underbrace{\frac{N}{2\pi} \log(z+h)}_{\text{Quelle in } z_0 = -h} + \underbrace{\frac{-N}{2\pi} \log(z-h)}_{\text{Senke in } z_0 = +h}$$

Verkleinert man nun den Abstand h und vergrößert gleichzeitig die Quellstärke $N = N(h)$ gemäß

$$\lim_{h \to 0} N(h) \cdot 2h =: M > 0,$$

so erhält man im Grenzfall eine punktförmige Dipolquelle mit dem Dipolmoment M.

Für das komplexe Potential $f(z)$ folgt dann:

$$\begin{aligned}
f(z) &= \lim_{h \to 0} f_h(z) = \lim_{h \to 0} \frac{N(h)}{2\pi} [\log(z+h) - \log(z-h)] \\
&= \lim_{h \to 0} \frac{N(h) \cdot 2h}{2\pi} \cdot \lim_{h \to 0} \frac{\log(z+h) - \log(z-h)}{2h} \\
&= \frac{M}{2\pi} \cdot \lim_{h \to 0} \left(\frac{\log(z+h) - \log z}{2[z+h-z]} + \frac{\log z - \log(z-h)}{2[z-(z-h)]} \right) \\
&= \frac{M}{2\pi} \cdot \frac{1}{2} \left[\frac{1}{z} + \frac{1}{z} \right] = \frac{M}{2\pi} \frac{1}{z}
\end{aligned}$$

Komplexes Dipolpotential: $f(z) = \dfrac{M}{2\pi} \dfrac{1}{z}$.

Stromlinien:

$$\begin{aligned}
\psi(z) &= \operatorname{Im} f(z) = \frac{M}{2\pi} \operatorname{Im} \frac{1}{z} \\
&\stackrel{z \cdot \bar{z} = |z|^2}{=} \frac{M}{2\pi} \operatorname{Im} \frac{\bar{z}}{|z|^2} \\
&= -\frac{M}{2\pi} \frac{y}{x^2 + y^2} \stackrel{!}{=} c
\end{aligned}$$

N.B.: Es gilt stets $f'(z) = -\frac{M}{2\pi} \operatorname{Im} \frac{1}{z^2} \neq 0$.

Im Falle $c = 0$ folgt $y = 0$. Dies führt auf die positive bzw. negative x-Achse als Stromlinien. Sei also $c \neq 0$.

1. Weg:

$$c = -\frac{M}{2\pi} \frac{y}{x^2 + y^2} \Leftrightarrow x^2 + y^2 + \frac{M}{2\pi c} y = 0$$

$$\Leftrightarrow x^2 + \left(y + \frac{M}{4\pi c}\right)^2 = \frac{M^2}{16\pi^2 c^2}$$

Dies ist die Gleichung für einen Kreis mit dem Mittelpunkt $\left(0, -\frac{M}{4\pi c}\right)$ und dem Radius $r = \frac{M}{4\pi |c|}$. Jeder dieser Kreise berührt die x-Achse im Ursprung.

2. Weg:
$$\operatorname{Im} f(z) = c \Leftrightarrow f(z) \in \{t + ic, t \in \mathbb{R}\},$$

d.h. die Feldlinien sind die Urbilder der Geraden $\{y = c\}$ unter der Abbildung $f(z) = 1/z$. Dies ist eine Möbiustransformation, ebenso die Umkehrabbildung $g(z) = f^{-1}(z) = \frac{1}{z}$. Das Bild ist daher ein verallgemeinerter Kreis, und da die Polstelle 0 nicht auf der Geraden $\{y = c\}$ liegt, ist es sogar ein echter Kreis. $\mathbb{R}$ schneidet die Gerade $\{y = c\}$ nur in $z = \infty$, und deshalb schneidet $g(\mathbb{R}) = \mathbb{R}$ den Kreis $g(\{y = c\})$ nur in $g(\infty) = 0$. Also ist $\mathbb{R}$ Tangente der echten Bildkreise im Ursprung.

Fazit: Stromlinien sind Kreise mit Mittelpunkt auf $i\mathbb{R}$, die durch den Ursprung gehen, sowie die positive bzw. die negative reelle Achse.

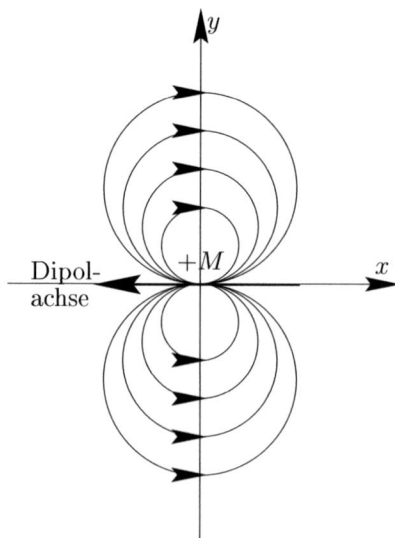

Bemerkung: Die Richtung von der Senke $-N$ zur Quelle $+N$ bei der Erzeugung des Dipols ergibt die *Dipolachse mit Orientierung*.

Kapitel 2. Komplexe Potentiale

Quadrupole:

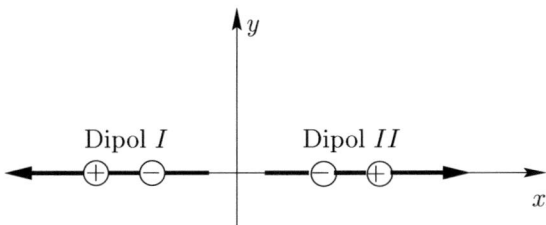

Für die Erzeugung eines Quadrupols wiederholen wir den Konstruktionsprozeß für Dipole, doch diesmal mit Dipolen als Ausgangselementen. Für die Momente $M = M(h)$ gelte:

$$\lim_{h \to 0} M(h) \cdot 2h =: Q > 0$$

also $f_h(z) = \underbrace{\frac{M}{2\pi} \frac{1}{z+h}}_{\text{Dipol in } z_0 = -h} + \underbrace{\frac{-M}{2\pi} \frac{1}{z-h}}_{\text{Dipol in } z_0 = +h}$

$$= \frac{M}{2\pi} \frac{z - h - (z+h)}{z^2 - h^2} = \frac{M}{2\pi} \frac{-2h}{z^2 - h^2}.$$

Dies ergibt

$$f(z) = \lim_{h \to 0} f_h(z) = \lim_{h \to 0} \frac{M \cdot (-2h)}{2\pi} \cdot \lim_{h \to 0} \frac{1}{z^2 - h^2} = -\frac{Q}{2\pi} \frac{1}{z^2}.$$

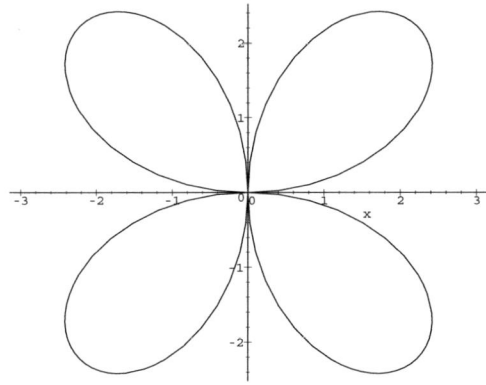

Abbildung 2.4: Stromlinie für Quadrupol, Typ ←→

Komplexes Quadrupolpotential, Typ $\overset{+M-M}{\leftarrow\rightarrow}$: $f(z) = -\dfrac{Q}{2\pi}\dfrac{1}{z^2}$.

Für die Betrachtung der *Stromlinien* sind Polarkoordinaten $z = r\,e^{i\varphi}$ günstig, $r \geq 0$, $0 \leq \varphi < 2\pi$:

$$\begin{aligned}
\operatorname{Im} f(z) &= -\frac{Q}{2\pi}\operatorname{Im}\frac{1}{z^2} = -\frac{Q}{2\pi}\operatorname{Im}\frac{1}{r^2\,e^{2i\varphi}} \\
&= -\frac{Q}{2\pi r^2}\operatorname{Im}\,[\cos(-2\varphi) + i\sin(-2\varphi)] \\
&= \frac{Q}{2\pi}\frac{1}{r^2}\sin(2\varphi) \overset{!}{=} c,
\end{aligned}$$

$$\text{also für } c \neq 0: \quad r^2 = \frac{Q}{2\pi c}\sin(2\varphi), \quad 0 \leq \varphi < 2\pi$$

N.B.: Es gilt stets $f'(z) = \dfrac{Q}{\pi}\dfrac{1}{z^3} \neq 0$.

Für $c = 0$ muß $\sin(2\varphi) = 0$ gelten, also $\varphi = 0, \pi/2, \pi, 3\pi/2$. In diesem Fall sind also die positive und die negative x- bzw. die positive und die negative y-Achse die Stromlinien. Ansonsten sind die Stromlinien um $+\frac{\pi}{4}$ gedrehte *Lemniskaten*. Wir behandeln noch die folgende Anordnung der Dipole:

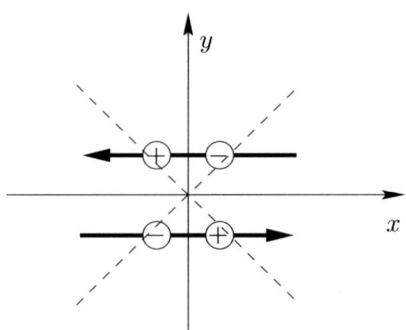

In diesem Fall erhält man:

$$f_h(z) = \frac{M}{2\pi}\left[\frac{1}{z - ih} - \frac{1}{z + ih}\right] = \frac{M \cdot 2ih}{2\pi(z^2 + h^2)}$$

$$f(z) = \lim_{h \to 0} f_h(z) = i\frac{Q}{2\pi}\frac{1}{z^2}.$$

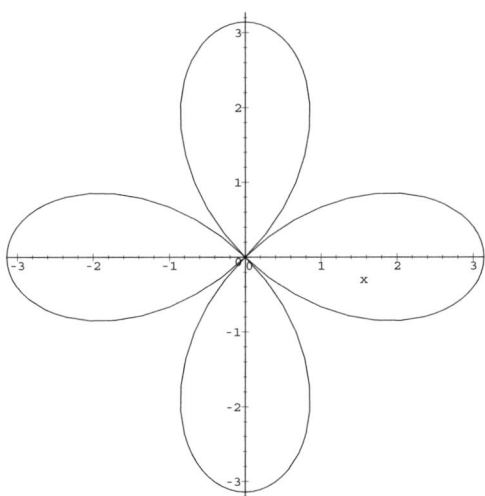

Abbildung 2.5: Stromlinie für Quadrupol, Typ $\overset{\leftarrow}{\rightarrow}$

Komplexes Quadrupolpotential, Typ $\overset{\leftarrow}{\rightarrow}\ \begin{matrix}+M\\-M\end{matrix}$: $f(z) = i\dfrac{Q}{2\pi}\dfrac{1}{z^2}$.

Multipole:
Gegeben sei die isolierte Singularität $z_0 = 0$ und das komplexe Potential $f(z)$ auf $\mathbb{C}\setminus\{0\}$. Betrachten wir nun die Funktion $f_h(z) := M[f(z+h) - f(z-h)]$, wobei für $M = M(h)$ gelte:
$$Q := \lim_{h\to 0} M(h)\cdot 2h > 0.$$
Dann liefert der Grenzübergang für f_h:

$$\begin{aligned}
F(z) &= \lim_{h\to 0} M(h)\left[f(z+h) - f(z) + f(z) - f(z-h)\right]\\
&= \lim_{h\to 0} M(h)\cdot h\left[\frac{f(z+h)-f(z)}{h} + \frac{f(z)-f(z-h)}{h}\right]\\
&= \lim_{h\to 0} M(h)\cdot 2h \lim_{h\to 0}\frac{1}{2}\left[\underbrace{\frac{f(z+h)-f(z)}{h}}_{\to f'(z)} + \underbrace{\frac{f(z)-f(z-h)}{h}}_{\to f'(z)}\right]\\
&= Q\,f'(z),\quad Q > 0.
\end{aligned}$$

Ausgehend von der Quelle ($f(z) = \frac{N}{2\pi}\log z$) sind damit alle Funktionen $f_n(z) := C\,z^{-n}$, $n \geq 1$ als komplexe Potentiale realisiert.

Nützlich sind die Multipole, wenn man das Potential einer lokalisierten Ladungsverteilung berechnen will. Lokalisiert bedeutet, daß die gesamte Ladung in einem Kreis mit dem Radius R_0 liegt (es ist klar, daß dieser Radius R_0 nicht eindeutig bestimmt ist, aber das ist egal). Außerhalb dieses Kreises ($r > R_0$) kann man das Potential in eine Potenzreihe in R_0/r entwickeln. Der erste Term dieser Entwicklung ist eine einfache Quelle (oder Senke), der zweite ein Dipol, der dritte ein Quadrupol, usw.

Wie interpretiert man die allgemeinen Potenzen $g(z) := z^\alpha = r^\alpha e^{i\alpha\varphi}$, definiert auf der geschlitzten Ebene $z = r\,e^{i\varphi}, 0 \leq \varphi < 2\pi, (\alpha > 0)$? Man erhält für das Geschwindigkeitsfeld

$$w = \overline{g'(z)} = \overline{\alpha\, z^{\alpha-1}} = \alpha\, r^{\alpha-1}\, e^{-i(\alpha-1)\varphi}$$

und für die Feldlinien:

$$\operatorname{Im} g(z) = \operatorname{Im}\left\{ r^\alpha e^{i\alpha\varphi} \right\} = c$$

d.h. $r^\alpha \sin(\alpha\varphi) = c$

Man sieht direkt, daß der Halbstrahl mit $\arg z = \frac{\pi}{\alpha}$ eine Stromlinie ist ($c = 0$). Ebenso die positive x-Achse.

Interpretation: Das Potential $g(z) = z^\alpha$, $\alpha > 0$ beschreibt eine Strömung um einen Knick mit dem Winkel $\frac{\pi}{\alpha}$.

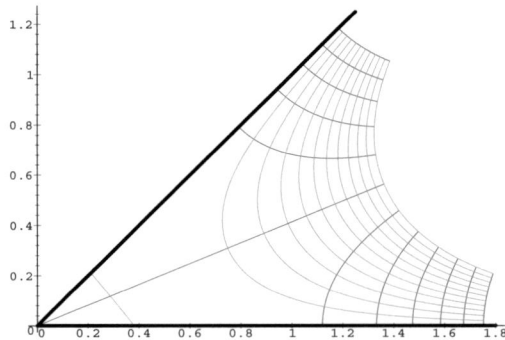

Abbildung 2.6: Strömung um einen Knick mit dem Winkel $\dfrac{\pi}{4}$

Bisher betrachtete Potentiale:

$f(z)$	w	Deutung
$f(z) = a\,z,\ a \in \mathbb{C}$	$w = \overline{a}$	Parallelströmung in Richtung $\overline{a}$
$f(z) = \dfrac{N}{2\pi} \log z$	$w = \dfrac{N}{2\pi}\dfrac{1}{\overline{z}}$	Quelle $N > 0$ Senke $N < 0$
$f(z) = -i\dfrac{\Gamma}{2\pi} \log z$	$w = i\dfrac{\Gamma}{2\pi}\dfrac{1}{\overline{z}}$	Wirbel Γ
$f(z) = \dfrac{N - i\,\Gamma}{2\pi} \log z$	$w = \dfrac{N + i\,\Gamma}{2\pi}\dfrac{1}{\overline{z}}$	Wirbelquelle $N + i\,\Gamma$
$f(z) = \dfrac{M}{2\pi}\dfrac{1}{z}$	$w = -\dfrac{M}{2\pi}\dfrac{1}{\overline{z}^2}$	Dipolströmung mit Dipolmoment M
$f(z) = i\dfrac{Q}{2\pi}\dfrac{1}{z^2}$	$w = -i\dfrac{Q}{\pi}\dfrac{1}{\overline{z}^3}$	Quadrupolströmung mit Moment Q Typ $\begin{array}{c}+ \longleftarrow -\\ - \longrightarrow +\end{array}$
$f(z) = -\dfrac{Q}{2\pi}\dfrac{1}{z^2}$	$w = \dfrac{Q}{\pi}\dfrac{1}{\overline{z}^3}$	Quadrupolströmung mit Moment Q Typ $+ \longleftarrow - - \longrightarrow +$
$f(z) = Q\,z^{-n},\ n > 1$	$w = -nQ\overline{z}^{-n-1}$	Multipole
$f(z) = Q\,z^n,\ n \geq 2$	$w = nQ\overline{z}^{n-1}$	Strömung um einen Knick mit dem Winkel $\frac{\pi}{n}$

Soweit nicht anders angegeben sind die freien Parameter $(N, \Gamma, \ldots)$ reelle Zahlen.

Ausblick: Interpretation der Cauchy-Integralformel
Erinnerung: Sei f holomorph im einfach zusammenhängenden Gebiet $G \subset \mathbb{C}$ und C eine Jordankurve in G, die stückweise stetig differenzierbar ist. Dann gilt für jeden von C umschlossenen Punkt z die Integralformel:

$$f(z) = \frac{1}{2\pi i} \oint_C \frac{f(\zeta)}{\zeta - z} \, d\zeta.$$

Interpretation: Sei $w = u + iv$ ein quellen- und wirbelfreies Feld in G mit dem komplexen Potential $f(z)$, d.h. $\overline{w(z)} = f'(z)$. Dann gilt mit der Integralformel für $f'(z)$ an Stelle von $f(z)$:

$$\overline{w(z)} = \frac{1}{2\pi i} \oint_C \frac{\overline{w(\zeta)}}{\zeta - z} \, d\zeta = \frac{-i}{2\pi} \oint_C \frac{\overline{w(\zeta)} \cdot t}{\zeta - z} \, ds(\zeta).$$

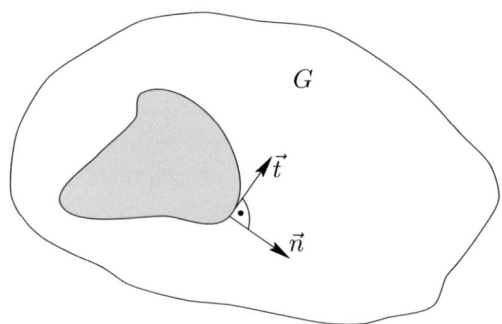

Bei der Umformung wurde $d\zeta = \zeta' \, ds = t \, ds$ verwendet. Dabei bezeichnet $t = t(\zeta)$ den Tangenteneinheitsvektor von C im Punkt ζ, als komplexe Zahl interpretiert. Wir parametrisieren C nun auf die Bogenlänge und erhalten durch Konjugation:

$$w(z) = \frac{i}{2\pi} \oint_C \frac{w(\zeta) \cdot \overline{t}}{\overline{\zeta} - \overline{z}} \, ds(\zeta).$$

Dabei setzen wir $C := (x(s), y(s)), 0 \leq s \leq L$, $t = \dot{x}(s) + i\dot{y}(s)$ und im folgenden $n = -it = \dot{y}(s) - i\dot{x}(s)$. Es folgt

$$\begin{aligned}
w \cdot \overline{t} &= (u + iv)(\dot{x} - i\dot{y}) \\
&= u\dot{x} + v\dot{y} + i[v\dot{x} - u\dot{y}] \\
&= \begin{pmatrix} u \\ v \end{pmatrix} \cdot \begin{pmatrix} \dot{x} \\ \dot{y} \end{pmatrix} - i \begin{pmatrix} u \\ v \end{pmatrix} \cdot \begin{pmatrix} \dot{y} \\ -\dot{x} \end{pmatrix} \\
&= \vec{w} \cdot \vec{t} - i\vec{w} \cdot \vec{n},
\end{aligned}$$

Kapitel 2. Komplexe Potentiale

und damit erhält man:

$$\begin{aligned} w(z) &= \frac{i}{2\pi}\oint_C \frac{\vec{w}\cdot\vec{t} - i\vec{w}\cdot\vec{n}}{\overline{\zeta}-\overline{z}}\,\frac{\zeta-z}{\zeta-z}\,ds(\zeta) \\ &= \frac{1}{2\pi}\left\{\oint_C \frac{\vec{w}\cdot\vec{n}\cdot(\zeta-z)}{|\zeta-z|^2}\,ds(\zeta) + i\oint_C \frac{\vec{w}\cdot\vec{t}\cdot(\zeta-z)}{|\zeta-z|^2}\,ds(\zeta)\right\}. \end{aligned}$$

Nun gilt für $z \neq \zeta$ die Formel (grad bedeutet hier die Ableitung nach z, nicht nach ζ):

$$\frac{\zeta-z}{|\zeta-z|^2} = \operatorname{grad}\left(\ln\left|\frac{1}{z-\zeta}\right|\right).$$

Dies bringt uns zu (am besten rückwärts nachrechnen)

$$w(z) = -\operatorname{grad}\Phi(z) - i\operatorname{grad}\Psi(z)$$

mit dem logarithmischen Potential Φ und der Stromfunktion Ψ:

$$\begin{aligned} \Phi(z) &= \frac{1}{2\pi}\oint_C \vec{w}(\zeta)\cdot\vec{n}(\zeta)\ln|z-\zeta|\,ds(\zeta) \\ \Psi(z) &= \frac{1}{2\pi}\oint_C \vec{w}(\zeta)\cdot\vec{t}(\zeta)\ln|z-\zeta|\,ds(\zeta). \end{aligned}$$

Interpretation: Approximiere die Integrale mittels Riemannscher Zwischensummen. Dann gilt:

$$\begin{aligned} \Phi(z) &\approx \frac{1}{2\pi}\sum_{j=1}^N \vec{w}(\zeta_j)\cdot\vec{n}(\zeta_j)\,|\zeta_{j+1}-\zeta_j|\ln|z-\zeta_j| \\ &= \operatorname{Re}\frac{1}{2\pi}\sum_{j=1}^N \vec{w}(\zeta_j)\cdot\vec{n}(\zeta_j)\,|\zeta_{j+1}-\zeta_j|\log(z-\zeta_j). \end{aligned}$$

$\vec{w}$ ist also darstellbar als die Grenzlage von geeignet angeordneten Quellen- bzw. Senkenfeldern mit Ergiebigkeit $\vec{w}(\zeta_j)\cdot\vec{n}(\zeta_j)\,|\zeta_{j+1}-\zeta_j|$ in den Zwischenpunkten $\zeta_j \in C$.

Ausblick: Kritische Punkte z_0 des komplexen Potentials $f(z)$, d.h. $f'(z_0) = 0$.

Für den Schnittpunkt z_0 einer Stromlinie mit einer Äquipotentiallinie hatten wir bisher nur den Fall $w(z_0) = \overline{f'(z_0)} \neq 0$ betrachtet. Was passiert aber in den kritischen Punkten?

Als Motivation betrachten wir $f(z) = z^n$, $n \geq 2$ nahe $z_0 = 0$. Die Forderung Im $z^n = 0$ führt auf $2n$ Halbgeraden mit gemeinsamen Randpunkt $z_0 = 0$, die sich in $z_0 = 0$ unter dem Winkel $\frac{\pi}{n}$ schneiden.

Allgemein gilt (vgl. Funktionentheorie I bzw. das Buch von Lawrentjew-Schabat, S.229):

Satz 2.4 *Ist $u(z)$ in einer Umgebung von z_0 harmonisch und nicht konstant, so besteht in einer hinreichend kleinen Umgebung des Punktes z_0 die z_0 enthaltende Niveaulinie $\{z|u(z) = u(z_0)\}$ aus einer geraden Anzahl $2n$, $n \geq 1$, in z_0 einlaufender glatter Kurvenstücke, die diese Umgebung in $2n$ Sektoren gleicher Winkelöffnung $\frac{\pi}{n}$ zerlegen.*

Dabei ist n die Nullstellenordnung der holomorphen Funktion $f(z)$ mit $\operatorname{Re} f(z) = u(z)$ nahe z_0:
$$f(z) = f(z_0) + c_n (z - z_0)^n + c_{n+1} (z - z_0)^{n+1} + \ldots$$
mit $c_n \neq 0$.

Situation für $n = 2$:

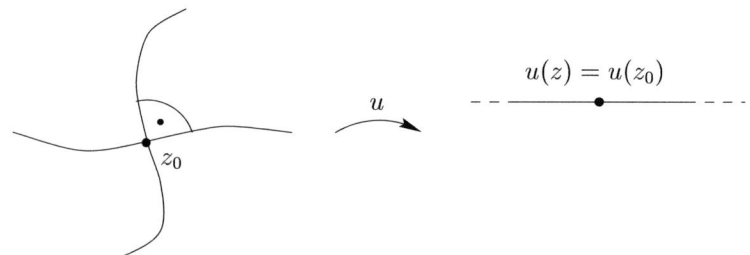

Mit Absicht wird von $2n$ Kurven gesprochen und nicht von n, denn bei strömungsmechanischen Problemen wird der Punkt z_0 von keiner Kurve in endlicher Zeit erreicht!

Für $z_0 = 0$ gelte $f(z_0) = 0$ und z_0 sei Nullstelle n-ter Ordnung ($n \geq 2$) von $f(z) = c_n z^n + c_{n+1} z^{n+1} + \ldots$ nahe $z_0 = 0$. Ist $\gamma : z = z(t)$ eine der $2n$ Kurven aus dem Satz, so gilt für den Geschwindigkeitsvektor v (in komplexer Schreibweise) eines (idealen) Massepunktes in $z(t)$

$$v(z(t)) = \lim_{\Delta t \to 0} \frac{z(t + \Delta t) - z(t)}{\Delta t} = \dot{z}(t).$$

Andererseits gilt wegen der Punktförmigkeit der Masse auch $v(z(t)) = w(z(t)) = \overline{f'(z(t))}$. Folglich:
$$|\dot{z}(t)| = |f'(z(t))|.$$

Wegen $f(z) = c_n z^n + \ldots$, $c_n \neq 0$ nahe $z_0 = 0$ existieren Konstanten $k_1, k_2 > 0$, so daß
$$k_1 |z|^{n-1} \leq |f'(z)| \leq k_2 |z|^{n-1}$$

für alle z in der Umgebung von z_0 gilt, in der die Kurve $\gamma : z = z(t)$ verläuft. Damit erhält man für die gesamte Kurve:
$$\frac{|\dot{z}(t)|}{|z(t)|^{n-1}} \leq \frac{1}{k_1}.$$

Kapitel 2. Komplexe Potentiale

Nun gilt nach der Dreiecksungleichung

$$|z(t+\Delta t) - z(t)| \geq ||z(t+\Delta t)| - |z(t)||,$$

somit insgesamt:

$$\pm |z(t)|^\bullet = \pm \lim_{\Delta t \searrow 0} \frac{|z(t+\Delta t)| - |z(t)|}{\Delta t} \leq \left| \lim_{\Delta t \searrow 0} \frac{z(t+\Delta t) - z(t)}{\Delta t} \right| = |\dot z(t)|.$$

Dies ergibt die Ungleichung

$$-\frac{1}{k_1} \leq \frac{|z(t)|^\bullet}{|z(t)|^{n-1}} \leq \frac{1}{k_1}.$$

Integration von t_1 bis t liefert nach einigen Umformungen im Falle

$$n = 2: \quad \left| \ln \frac{|z(t)|}{|z(t_1)|} \right| \leq \frac{1}{k_1}|t - t_1|;$$

$$n \geq 3: \quad \frac{1}{n-2}\left| \frac{1}{|z(t_1)|^{n-2}} - \frac{1}{|z(t)|^{n-2}} \right| \leq \frac{1}{k_1}|t - t_1|.$$

Beide Ungleichungen zeigen, daß $z(t_0) = 0$ für *keinen* endlichen Zeitpunkt t_0 gelten kann.

Für das Problem der Äquipotential- und Feldlinien ergibt sich: Es gibt $2n$ Feldlinien und $2n$ Äquipotentiallinien, die in z_0 enden bzw. anfangen. Auf jede Feldlinie folgt eine Äquipotentiallinie und umgekehrt. Der Winkel zwischen den Tangentenvektoren in z_0 von Feld- und Äquipotentiallinie beträgt $\dfrac{\pi}{2n}$.

Situation für $n = 2$:

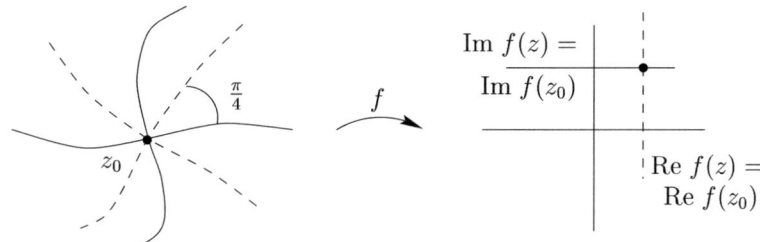

Kapitel 3

Umströmung von Konturen

Wir wollen uns der Außenumströmung von Hindernissen zuwenden. Sei C eine analytische Jordankurve, und $G \subset \mathbb{C}$ sei die unbeschränkte Komponente von $\mathbb{C} \setminus C$. Das Innere von C denken wir uns als ein ruhendes Hindernis, das von einer in G quellen- und wirbelfreien Strömung $\vec{w}$ umströmt wird. Aus mathematischen Gründen nehmen wir an, daß sich $\vec{w}$ stetig auf C fortsetzen läßt, d.h. $\vec{w}$ stetig in $G \cup C$ ist. Umströmung bedeutet dabei mathematisch, daß $\vec{w}$ stets senkrecht auf dem Normalenvektor $\vec{n}$ der Kurve C steht, also $\vec{w} \cdot \vec{n} = 0$. Interpretiert man G als Gebiet in $\mathbb{C}$ mit dem Inneren von C als Loch D, so existiert das komplexe Potential $f(z)$ zu $w(z)$ auf G nach dem Logarithmischen Singularitätensatz. Ohne Einschränkung nehmen wir $0 \in D$ an. Dann hat das komplexe Potential zu $w(z)$ die Form

$$f(z) = g(z) + c \log z\,,$$

wobei $g(z)$ eine in G holomorphe Funktion ist. Insbesondere gilt $\overline{w(z)} = f'(z) = g'(z) + \frac{c}{z}$ in G. Da $w(z)$ sich stetig auf C fortsetzen läßt, gilt dies auch für $f'(z)$ und $g'(z)$. Weil $g'(z)$ in G eine Stammfunktion, nämlich $g(z)$, besitzt, verschwindet das Integral von $g'(z)$ längs jeder geschlossenen Kurve γ in G. Aus Stetigkeitsgründen gilt damit auch

$$\oint_C g'(z)\,dz = 0\,.$$

Für den Fluß N von $\vec{w}$ durch C und die Zirkulation Γ von $\vec{w}$ längs C erhalten wir daraus (siehe Bemerkung 2 zum Logarithmischen Singularitätensatz)

$$\Gamma + iN = \oint_C f'(z)\,dz = \oint_C \frac{c}{z}\,dz = 2\pi i\,c\,.$$

Physikalisch betrachtet muß $N = 0$ sein, da C umströmt wird. Mathematisch folgt dies aus $\vec{w} \cdot \vec{n} = 0$ und $N = \oint_C \vec{w} \cdot \vec{n}\,ds$. Somit gilt

$$c = \frac{\Gamma}{2\pi i} \quad \text{und} \quad f(z) = g(z) + \frac{\Gamma}{2\pi i} \log z\,.$$

Dabei kann die *Zirkulation* $\Gamma = \oint_C \overline{w(z)}\,dz$ um C vorgeschrieben werden (*Erste Randbedingung*).
Die Mehrdeutigkeit der „Funktion" $f(z)$ betrifft nur den Realteil:
Im $f(z) = $ Im $g(z) - \Gamma/2\pi \log|z|$ ist eine Funktion auf G; nach einmaligem Umlauf um C kommt man zum Ausgangswert zurück.
Re $f(z) = $ Re $g(z) + \Gamma/2\pi \arg z$ ist eine eventuell mehrdeutige Funktion: Der Zuwachs des Funktionswertes nach einmaligem positivem Umlauf um C ist Γ.
Da $\psi(z) = $ Im $f(z)$ eindeutig ist, gilt wie in Satz 2.2

$$\psi(z_2) - \psi(z_1) = \int_{z_1}^{z_2} -v\,dx + u\,dy$$

für alle $z_1, z_2 \in G$ und jeden Integrationsweg in G von z_1 nach z_2. (Das Linienintegral ist also wegunabhängig.) Aus Stetigkeitsgründen gilt dies wiederum auch für $z_1, z_2 \in C$ und Integration längs C. Es ergibt sich

$$\psi(z_2) - \psi(z_1) = \int_{z_1}^{z_2} -v\,dx + u\,dy = \int_{z_1}^{z_2} \vec{w}\cdot\vec{n}\,ds = 0\,,$$

d.h. $\psi(z) = $ Im $f(z)$ ist konstant auf C (*Zweite Randbedingung*). Man kann dann wegen der Stetigkeit mittels des Spiegelungsprinzips längs analytischer Jordankurven zeigen, daß $\psi(z) = $ Im $f(z)$ harmonisch in allen Punkten aus C ist. Infolgedessen ist $f(z)$ holomorph in jedem Kurvenpunkt von C. Da das komplexe Potential $f(z)$ nicht konstant ist, gibt es nur endlich viele Punkte $z \in C$ mit $f'(z) = 0$. Für alle anderen Punkte aus C gilt $f'(z) \neq 0$. Für alle diese Punkte ist die Stromliniengleichung erfüllt, sie liegen daher auf Stromlinien. Damit zerfällt C in endlich viele Stromlinien, deren gemeinsame Anfangs- und Endpunkte Nullstellen von $f'(z)$ sind. Die Kurve C besteht somit aus endlich vielen Stromlinien desselben Niveaus Im $f(z) = $ const.
Zu gegebenem C und Γ gibt es viele Strömungen, die sich darin unterscheiden, wie sich die Strömung fern von C verhält. Wir fordern nun zusätzlich, daß $\vec{w}$ weit entfernt von C annähernd eine Parallelströmung ist. Es ergibt sich:

Satz 3.1 *Es sei C eine analytische Jordankurve mit $z_0 = 0$ im Innengebiet, G das Außengebiet von C, $\Gamma \in \mathbb{R}$ und $w_\infty \in \mathbb{C}$. Dann gibt es genau eine quellen- und wirbelfreie Strömung $\vec{w}$ in G mit*

1. $\lim_{z\to\infty} w(z) = w_\infty$; $w(z)$ *ist stetig auf* $G \cup C$,

2. $\Gamma = \oint_C \overline{w(z)}\,dz$,

3. *Auf C gilt* $\vec{w}\cdot\vec{n} = 0$.

Kapitel 3. Umströmung von Konturen

Diese Strömung hat die Reihenentwicklung

$$(1) \quad \overline{w(z)} = f'(z) = \overline{w}_\infty + \frac{\Gamma}{2\pi i} \cdot \frac{1}{z} - a_{-1}\frac{1}{z^2} + \ldots$$

für $|z| > R_0$, und für ihr komplexes Potential $f(z)$ gilt

$$(2) \quad \begin{aligned} f(z) &= g(z) + \frac{\Gamma}{2\pi i} \log z \text{ für } z \in G \\ &= \overline{w}_\infty z + \frac{\Gamma}{2\pi i} \log z + a_0 + a_{-1}\frac{1}{z} + \ldots \end{aligned}$$

für $|z| > R_0$ mit einer in G holomorphen Funktion $g(z)$. Ferner ist $\psi(z) = \operatorname{Im} f(z)$ eine stetige Funktion auf $G \cup C$, und es gilt $\operatorname{Im} f(z) = $ const. auf C. Dagegen ist $\phi(z) = \operatorname{Re} f(z)$ eventuell mehrdeutig, da ein einmaliger positiver Umlauf um C einen Zuwachs von Γ ergibt.

Beweis: Wir beweisen zunächst die Eindeutigkeit der Strömung:
Gibt es zwei Strömungen mit den komplexen Potentialen $f_1(z)$ und $f_2(z)$, so folgt aus obigen Überlegungen:

$$f_j(z) = g_j(z) + \frac{\Gamma}{2\pi i} \log z \, ,$$

mit in G holomorphen Funktionen $g_j(z), j = 1, 2$. Die Differenz $F(z) := f_1(z) - f_2(z)$ ist dann eine holomorphe Funktion in G, ebenso deren Ableitung $F'(z)$. Aus der Existenz der Grenzgeschwindigkeit w_∞ schließen wir: $\lim_{z \to \infty} F'(z) = 0$. Da das Innengebiet D von C beschränkt ist, ist die Funktion $F(z)$ holomorph in einem „Kreisring" $\{R_0 < |z| < \infty\}$. Damit können wir $F(z)$ dort in eine *Laurent-Reihe* entwickeln:

$$F(z) = \sum_{n=-\infty}^{\infty} a_n z^n = \ldots + a_{-1}\frac{1}{z} + a_0 + a_1 z + \ldots \quad (R_0 < |z| < \infty) \, .$$

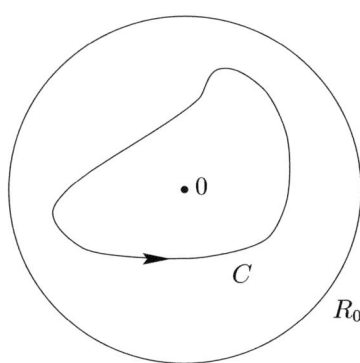

Differentiation dieser Laurententwicklung ergibt für $|z| > R_0$:

$$F'(z) = \sum_{n=-\infty}^{\infty} n a_n z^{n-1} = \sum_{n=-\infty}^{\infty} (n+1) a_{n+1} z^n \ .$$

Der Grenzwert $\lim_{z \to \infty} F'(z) = 0$ kann nur existieren, wenn alle Koeffizienten von nicht negativen Potenzen verschwinden, d.h.

$$F'(z) = a_{-1}\frac{1}{z} + a_{-2}\frac{1}{z^2} + \ldots, F(z) = a_{-1} \log z - a_{-2}\frac{1}{z} + \ldots$$

Da, wie oben festgestellt, $F(z)$ eine holomorphe *Funktion*, also nicht mehrdeutig ist, muß $a_{-1} = 0$ gelten. Folglich ist auch $F(z)$ holomorph in ∞.
Nach den Vorüberlegungen gilt auch Im $f_j(z) = d_j$ auf C. Somit besitzt die beschränkte harmonische Funktion Im $F(z)$ einen konstanten Wert auf C. Das Maximumprinzip für beschränkte harmonische Funktionen liefert nun die Konstantheit von Im $F(z)$, die Cauchy-Riemannschen Differentialgleichungen ergeben $F(z) = $ const. Wir erhalten dieselbe Strömung.
Die angegebenen Reihenentwicklungen für das komplexe Potential $f(z) = g(z) + \Gamma/2\pi \log z$ ergeben sich wie eben durch Betrachtung der Laurententwicklung der holomorphen Funktion $g(z)$. Zur Existenz der Strömungen:
Es gibt es eine solche Strömung, wenn es ein komplexes Potential $f(z)$ der Form

$$f(z) = g(z) + \overline{w_\infty}\, z + \frac{\Gamma}{2\pi i} \log z$$

mit Im $f(z) = $ const. auf C und einer in $\overline{G} \cup \{\infty\}$ holomorphen Funktion $g(z)$ gibt. Wir zeigen nun die Existenz der Funktion $g(z)$:
Da das Gebiet $G \cup \{\infty\}$ einfach zusammenhängend ist, existiert auf $G \cup \{\infty\}$ eine *beschränkte* harmonische Funktion $h(z)$ mit den Randwerten

$$h(z) = -\text{Im}\,(\overline{w_\infty}\, z) + \frac{\Gamma}{2\pi} \log |z| \ (z \in C) \ .$$

Wiederum wegen des einfachen Zusammenhangs gibt es eine in $G \cup \{\infty\}$ holomorphe Funktion $g(z)$ mit Im $g(z) = h(z)$. Wir definieren somit

$$f(z) := g(z) + \overline{w_\infty}\, z + \frac{\Gamma}{2\pi i} \log z \ .$$

Nach Konstruktion ergibt sich der Randwert Null für

$$\text{Im}\, f(z) = \text{Im}\, g(z) + \text{Im}\,(\overline{w_\infty}\, z) - \frac{\Gamma}{2\pi} \log |z|$$

auf der Kurve C. Nach dem Spiegelungsprinzip längs analytischer Jordankurven ist die Funktion Im $f(z)$ harmonisch auf C fortsetzbar, folglich auch Im $g(z)$. Somit ist die Funktion $g(z)$ holomorph auf C. Für die Zirkulation $\tilde{\Gamma}$ längs und den Fluß N von $w(z) := \overline{f'(z)}$ durch C folgt dann:

$$\tilde{\Gamma} + iN = \oint_C f'(z)\, dz = \oint_C (g'(z) + \overline{w_\infty})\, dz + \frac{\Gamma}{2\pi i} \oint_C \frac{dz}{z} = 0 + \Gamma \ ,$$

d.h. $\tilde{\Gamma} = \Gamma$. (Beachte, daß $g(z)$ eine Stammfunktion zu $g'(z)$ ist.) Somit ist $w(z) = \overline{f'(z)}$ eine Strömung wie gewünscht: Die in ∞ holomorphe Funktion $g(z)$ besitzt die Laurententwicklung $g(z) = a_0 + a_{-1}/z + \ldots$, also $g'(z) = -a_{-1}/z^2 + \ldots$, d.h. $\lim_{z\to\infty} g'(z) = 0$ sowie $\lim_{z\to\infty} f'(z) = \overline{w_\infty}$.

Welche Eigenschaften hat nun das komplexe Potential einer Außenumströmung von meheren Kurven? Betrachten wir zunächst den Fall, daß die Zirkulationen der Strömung längs jeder Randkurve verschwinden. Wir erinnern an den Begriff des *Parallelschlitzgebietes*, d.h. die Ebene $\mathbb{C}$ ohne endlich viele paarweise disjunkte parallele Schlitze jeweils endlicher Länge. Dann gilt:

Satz 3.2 *Es sei $G \subset \mathbb{C}$ ein unbeschränktes Gebiet, welches von n paarweise disjunkten, analytischen Jordankurven $C_1, \ldots, C_n$ berandet ist. $w(z)$ sei eine quellen- und wirbelfreie Strömung in G, die noch stetig auf $\overline{G} = G \cup C_1 \cup \ldots \cup C_n$ ist. Ist die Strömung $w(z)$ zirkulationsfrei auf allen C_j, d.h. $\Gamma_j := \oint_{C_j} \vec{w} \cdot \vec{t} \, ds = 0$, werden außerdem alle Randkurven C_j umströmt, d.h. $\vec{w} \cdot \vec{n} = 0$ auf C_j, und existiert $w_\infty := \lim_{z\to\infty} w(z) \neq 0$, so gilt für das zu $w(z)$ gehörige komplexe Potential $f(z)$:*

$f(z)$ ist eine schlichte Abbildung von G auf ein Parallelschlitzgebiet mit n Schlitzen parallel zur reellen Achse und

$$f(z) = \overline{w}_\infty z + \frac{a_{-1}}{z} + \frac{a_{-2}}{z^2} + \ldots \quad (|z| > R).$$

Zur *Erinnerung:* $f(z)$ schlicht heißt, $f(z)$ ist holomorph und $f(z) \neq f(w)$ für alle $z \neq w$ ($z, w \in G$).

Beweis: Mittels des Logarithmischen Singularitätensatzes (Satz 2.3) zeigt man aufgrund der Bedingungen $N_j = \Gamma_j = 0$, daß alle dortigen Konstanten c_j verschwinden, d.h. Logarithmusterme treten nicht auf. Das komplexe Potential $f(z)$ zu $w(z)$ ist also eine holomorphe Funktion auf G. Die Stetigkeit von $f(z)$ auf den Kurven C_j folgt aus der Stetigkeit von $f'(z) = \overline{w(z)}$ auf $\overline{G}$, die Holomorphie auf C_j ergibt sich aus dem Spiegelungsprinzip längs analytischer Jordankurven wie bei der Außenumströmung einer Kontur. Analog zeigt man

$$f(z) = \overline{w}_\infty z + a_0 + \frac{a_{-1}}{z} + \ldots \quad (|z| > R).$$

Ebenso beweist man, daß

$$\text{Im } f(z) = k_j \quad (z \in C_j, j = 1, \ldots, n)$$

auf jeder Randkurve C_j gilt. Wegen der Stetigkeit von $f(z)$ auf allen Randkurven C_j ist das Bild $S_j := f(C_j)$ eine hin und her durchlaufene endliche Strecke parallel zur x-Achse. Das zugehörige Parallelschlitzgebiet sei $P := \mathbb{C} \setminus (S_1 \cup \ldots \cup S_n)$. Wir zeigen nun, daß $f(z)$ eine schlichte Abbildung von G auf P vermittelt.

Schritt 1: Jedes $a \in P$ besitzt genau ein Urbild in G; insbesondere gilt $P \subset f(G)$:
Für $a \in P$ gibt es, wegen der Holomorphie von $f(z)$ auf allen Randkurven, jeweils nur endlich viele Urbilder in G, etwa N Stück. Diese liegen dann alle innerhalb der Kreisscheibe $\{|z| < R\}$, die so groß gewählt sei, daß alle Kurven C_j innerhalb liegen. Bezeichnet H das von allen Kurven C_j und $\{|z| = R\}$ berandete Gebiet, so folgt mittels des Residuensatzes:

$$\begin{aligned} N &= \frac{1}{2\pi i} \oint_{\partial H} \frac{f'(z)}{f(z) - a} dz \\ &= \frac{1}{2\pi i} \oint_{|z|=R} \frac{f'(z)}{f(z) - a} dz - \sum_{j=1}^{n} \frac{1}{2\pi i} \oint_{C_j} \frac{f'(z)}{f(z) - a} dz \, . \end{aligned}$$

Die Laurentreihe von $f(z)$ liefert $+1$ für das erste Integral. Um die Integrale in der Summe zu berechnen, substituieren wir $\zeta = f(z)$ auf C_j und erhalten:

$$\oint_{C_j} \frac{f'(z)}{f(z) - a} dz = \oint_{S_j} \frac{d\zeta}{\zeta - a} \, .$$

Nun ist S_j eine Strecke, die a nicht enthält. Legt man daher einen geeigneten Schlitz von a nach ∞ in die ζ-Ebene, der S_j nicht trifft, so existiert ein holomorpher Logarithmus $\log(\zeta - a)$. Dieser Logarithmus ist aber eine Stammfunktion von $1/(\zeta - a)$. Da S_j hin und her durchlaufen wird, verschwinden daher die Integrale über C_j. Es folgt $N = 1$.

Schritt 2: $f(G) \subset P$; zusammen mit dem ersten Schritt also die Schlichtheit und $f(G) = P$.
Gibt es $a \in f(G) \setminus P$, so folgt $a \in S_j$ für mindestens ein j. Es gibt daher ein Urbild $z \in G$ und ein Urbild $w \in C_j$. Aus Sätzen der Funktionentheorie folgt dann:
Es gibt eine Kreisscheibe K um a und zwei Gebiete $G_z \subset G$, G_w, die z bzw. w enthalten, so daß

$$f(G_z) = f(G_w) = K, \; G_z \cap G_w = \emptyset \, .$$

Nun ist $G_w \cap G$ offen und nicht leer, also auch $f(G_w \cap G)$ offen und nicht leer, da $f(z)$ holomorph und nicht konstant ist. Wegen der Offenheit von $f(G_w \cap G) \subset K$, gibt es ein $u \in G_w \cap G$ mit $b := f(u) \in K \setminus S_j$. Nun gilt $b \in K$, also gibt es auch ein Urbild $v \in G_z \subset G$. Insgesamt erhalten wir zwei verschiedene Urbilder u, v in G, im Widerspruch zum ersten Schritt.

Wie steht es nun mit der Existenz von quellen- und wirbelfreien Umströmungen von n Konturen? Damit beschäftigt sich der nächste Satz:

Satz 3.3 *Es sei $G \subset \mathbb{C}$ ein unbeschränktes Gebiet, welches von n paarweise disjunkten, analytischen Jordankurven $C_1, \ldots, C_n$ berandet ist. Zu vorgegebenen $\Gamma_1, \ldots, \Gamma_n \in \mathbb{R}$ und $w_\infty \in \mathbb{C}$ gibt es genau eine quellen- und wirbelfreie Strömung $\vec{w}$ in G, die noch stetig auf $\overline{G} = G \cup C_1 \cup \ldots \cup C_n$ ist mit $\Gamma_j = \oint_{C_j} \vec{w} \cdot \vec{t} \, ds$ und $w_\infty = \lim_{z \to \infty} w(z)$. Deren komplexes*

Kapitel 3. Umströmung von Konturen ─────────────────────────── 41

Potential hat die Form

$$f(z) = g(z) + \overline{w_\infty}\, z + \sum_{j=1}^{n} \frac{\Gamma_j}{2\pi i}\, \log(z-z_j)\,,$$

wobei z_j aus dem Innern von C_j ist und $g(z)$ holomorph in G mit endlichem Grenzwert $\lim\limits_{z\to\infty} g(z) =: a_0$ ist.

Beweis: Der Fall $n=1$ ist bereits in Satz 3.1 enthalten. Es sei also $n \geq 2$ und z_j aus dem Innern von C_j gegeben. Zur Eindeutigkeit der Strömung:
Gibt es zu $\Gamma_1,\ldots,\Gamma_n, w_\infty$ zwei quellen- und wirbelfreie Umströmungen, die noch stetig auf den Randkurven C_j sind, so haben die zugehörigen komplexen Potentiale die obige Form nach dem Logarithmischen Singularitätensatz. Wegen der Umströmungsbedingung folgt wie bei Satz 3.1, daß die Imaginärteile der komplexen Potentiale $f_1(z), f_2(z)$ stetige Funktionen auf $\overline{G}$ und konstant auf C_k sind, d.h. dort gilt Im $f_j(z) =: d_{j,k}$, $j = 1, 2; k = 1,\ldots,n$. Die Funktion $F(z) := f_1(z) - f_2(z)$ ist also holomorph in G, auch in ∞ (beachte $\lim_{z\to\infty} F(z) = a_{0,1} - a_{0,2}$) und

$$\text{Im } F(z) = d_{1,k} - d_{2,k} \text{ auf } C_k \ (k=1,\ldots,n)\,.$$

Setze $S_k := F(C_k)$. Wegen der Stetigkeit von $F(z)$ auf allen Randkurven sind dann die S_k endliche Schlitze parallel zur reellen Achse, die hin und her durchlaufen werden. Wie im Beweis von Satz 3.2 zeigt nun eine Anwendung des Residuensatzes, daß die Funktion $F(z)$ keinen Wert außerhalb der Schlitze S_k annehmen kann. Hier geht maßgeblich die Holomorphie von $F(z)$ in ∞ ein. Nach dem Satz von der Gebietstreue muß die Funktion $F(z)$ konstant sein. Hieraus folgt die Eindeutigkeit der Strömung.
Zur Existenz der Strömung:
Es gibt eine Strömung mit den gewünschten Eigenschaften, wenn es ein komplexes Potential $f(z)$ der Form

$$f(z) = g(z) + \overline{w_\infty}\, z + \sum_{j=1}^{n} \frac{\Gamma_j}{2\pi i}\, \log(z-z_j)$$

gibt, für das $y_j := \text{Im } f(z) = \text{const.}$ auf C_j und $g(z)$ holomorph in $\overline{G} \cup \{\infty\}$ ist. Gesucht sind also die Funktion $g(z)$ sowie passende y_j. Da additive Konstanten beim komplexen Potential keine Rolle spielen, können wir $y_n = 0$ annehmen. Wegen der Lösbarkeit des Dirichletproblems im Gebiet $G \cup \{\infty\}$ gibt es in $G \cup \{\infty\}$ harmonische Funktionen $\omega_j(z)$, $j = 1,\ldots,n$ und $k(z)$ mit folgenden Randwerten:

$$\omega_k(z) = 1 \text{ auf } C_k \text{ und } \omega_j(z) = 0 \text{ auf } C_j,\, j\neq k\,, \text{ sowie}$$

$$k(z) = \text{Im } \{\overline{w_\infty}\, z \ - \ \sum_{j=1}^{n} \frac{\Gamma_j}{2\pi} \log|z-z_j|\} \text{ auf allen } C_j\,.$$

(Die Funktionen $\omega_j(z)$ heißen *harmonische Maße*.) Finden wir nun $y_1, \ldots, y_{n-1}$, so daß die in $G \cup \{\infty\}$ harmonische Funktion

$$h(z) := \sum_{j=1}^{n-1} y_j\, \omega_j(z) \; - k(z)$$

der Imaginärteil einer in $G \cup \{\infty\}$ holomorphen Funktion $g(z)$ ist, so sind $y_1, \ldots, y_{n-1}$ und $g(z)$ wie gesucht.

Für jede Wahl von $y_1, \ldots, y_{n-1}$ ist $h(z)$ harmonisch in $G \cup \{\infty\}$, d.h. $\tilde{h}(z) := h_y(z) + ih_x(z)$ ist holomorph in $G \cup \{\infty\}$ (Cauchy-Riemannsche Differentialgleichungen!). Besitzt $\tilde{h}(z)$ für eine Wahl von $y_1, \ldots, y_{n-1}$ eine Stammfunktion $\tilde{g}(z)$, so gilt $c := \operatorname{Im} \tilde{g}(z) - h(z) = \text{const.}$, d.h. $y_1, \ldots, y_{n-1}$ und $g(z) := \tilde{g}(z) - c$ sind wie gewünscht. Gesucht sind also $y_1, \ldots, y_{n-1}$, so daß $\tilde{h}(z)$ in $G \cup \{\infty\}$ eine Stammfunktion besitzt.
Dies ist genau dann der Fall, wenn gilt:

$$\oint_{C_k} \tilde{h}(z)\, dz = 0 \text{ für alle } k = 1, \ldots, n \, .$$

Wir zeigen zunächst, daß die Bedingung $\oint_{C_n} \tilde{h}(z)\, dz = 0$ aus den restlichen Bedingungen folgt:

Wähle R so groß, daß alle C_j in $\{|z| < R\}$ enthalten sind. Dann besitzt $\tilde{h}(z)$ in dem einfach zusammenhängenden Gebiet $\{|z| > R\} \cup \{\infty\}$ eine in $\{|z| > R\} \cup \{\infty\}$ harmonische Konjugierte, d.h. es gibt eine in $\{|z| > R\} \cup \{\infty\}$ holomorphe Funktion $H(z)$ mit $\operatorname{Im} H(z) = h(z)$. Daraus folgt $H'(z) = \tilde{h}(z)$ und somit (Stammfunktion!)

$$\oint_{|z|=2R} \tilde{h}(z)\, dz = 0 \, .$$

Der Cauchysche Integralsatz liefert nun

$$0 = \oint_{|z|=2R} \tilde{h}(z)\, dz = \sum_{j=1}^{n} \oint_{C_j} \tilde{h}(z)\, dz \, .$$

Wir erhalten also eine Strömung wie gesucht, wenn wir $y_1, \ldots, y_{n-1}$ finden mit

$$\oint_{C_k} \tilde{h}(z)\, dz = \sum_{j=1}^{n-1} y_j \oint_{C_k} (\omega_{j\,y} + i\omega_{j\,x})\, dz \; - \oint_{C_k} (k_y + ik_x)\, dz \; = \; 0 \; (k=1,\ldots,n-1) \, .$$

Mit den Abkürzungen

$$a_{kj} := \oint_{C_k} (\omega_{j\,y} + i\omega_{j\,x})\, dz \, , \; \Delta_k := \oint_{C_k} (k_y + ik_x)\, dz$$

Kapitel 3. Umströmung von Konturen — 43

ergibt sich das Gleichungssystem

$$\sum_{j=1}^{n-1} a_{kj}\, y_j = \Delta_k \quad (k=1,\ldots,n-1)\,.$$

Angenommen, die Matrix (a_{kj}) ist nicht regulär. Dann gibt es zu der Vorgabe $\Gamma_1 = \ldots = \Gamma_n = w_\infty = 0$, d.h. alle $\Delta_k = 0$, mindestens zwei *verschiedene* Lösungstupel $(y_1,\ldots,y_{n-1})$. Die zugehörigen komplexen Potentiale $f(z)$ unterscheiden sich nicht nur um eine Konstante, beachte hierzu die Differenz der Randwerte $y_j - \tilde{y}_j$ auf C_j und 0 auf C_n. Dies widerspricht der bereits gezeigten Eindeutigkeit.

Die Matrix (a_{kj}) ist also regulär. Damit existieren zu jeder Wahl von Γ_j und w_∞ die Zahlen $y_1,\ldots,y_{n-1}$ wie gewünscht.

Kapitel 4

Anwendung in der Aerodynamik

Wir betrachten die Bewegung einer Tragfläche mit der konstanten Geschwindigkeit $-w_\infty$, was bedeuten soll, daß wir die Tragfläche mit dem Querschnitt C, einer analytischen Jordankurve, als ruhend und die umgebene Luft als bewegt betrachten mit der Geschwindigkeit $w = +w_\infty$ im „Unendlichen".

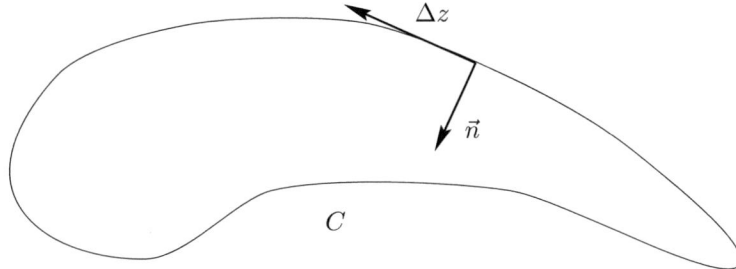

Sieht man von der Schwerkraft ab, so gilt für den Luftdruck p die Bernoullische Gleichung:
$$p = A - \frac{\rho}{2}|\vec{w}|^2.$$
Hier ist A eine Konstante, ρ die Dichte der Luft und $\vec{w}(z) = \begin{pmatrix} u(z) \\ v(z) \end{pmatrix}$ die Geschwindigkeit in dem Punkt z.

Ziel: Berechnung der Kraft (je Höheneinheit in ζ-Richtung) auf die Kontur C, d.h. des Auftriebes.

Der Druck auf C wirkt immer in Richtung der inneren Normalen. Auf das Längenelement Δz der Kontur C wirkt daher die Kraft je Höheneinheit
$$p \cdot i\,\Delta z = A\,i\,\Delta z - i\frac{\rho}{2}\left(u^2 + v^2\right)\Delta z.$$

Die Auftrieb ist die vektorielle Summe dieser Größen. Für $\Delta z \to 0$ ergibt sich:
$$F = \underbrace{\oint_C A\,i\,dz}_{=0} - i\frac{\rho}{2}\oint_C (u^2 + v^2)\,dz = -\frac{i\rho}{2}\oint_C (u^2 + v^2)\,dz.$$

Mit $\overline{w} = u - iv = f'(z)$, $dz = dx + i\,dy$ folgt durch Konjugation:
$$\begin{aligned}\overline{F} &= \frac{i\rho}{2}\oint_C (u^2 + v^2)(dx - i\,dy) \\ &= \frac{i\rho}{2}\left[\oint_C (u - iv)^2(dx + i\,dy) - \oint_C 2i(u - iv)(-v\,dx + u\,dy)\right].\end{aligned}$$

Dabei wurde folgende Beziehung benutzt:
$(u^2 + v^2)(dx - i\,dy) = (u - iv)^2(dx + i\,dy) - 2i(u - iv)(-v\,dx + u\,dy)$.

Da C aus endlich vielen Stromlinien desselben Niveaus besteht, gilt dort $-v\,dx + u\,dy = 0$ (vgl. Kapitel 1, Stromliniengleichung). Damit erhalten wir die Blasius'sche Formel:
$$\overline{F} = \frac{i\rho}{2}\oint_C (f'(z))^2\,dz.$$

Es sei G das Außengebiet von C. Nach dem Integralsatz von Cauchy gilt für eine in dem Gebiet G holomorphe Funktion g:
$$\oint_C g(z)\,dz = \oint_{|z|=R_1} g(z)\,dz$$

(dabei liegt die Kreislinie $\{|z| = R_1\}$ im Aussengebiet G; vgl. Kapitel 3).

Nach Satz 3.1 gilt die Laurententwicklung
$$f'(z) = \overline{w}_\infty + \frac{\Gamma}{2\pi i}\frac{1}{z} + \cdots \qquad (|z| \geq R_1),$$

$$\begin{aligned}\text{d.h. } (f'(z))^2 &= \left(\overline{w}_\infty + \frac{\Gamma}{2\pi i}\frac{1}{z}\cdots\right) \cdot \left(\overline{w}_\infty + \frac{\Gamma}{2\pi i}\frac{1}{z}\cdots\right) \\ &= \overline{w}_\infty^2 + \frac{\Gamma\,\overline{w}_\infty}{\pi i}\frac{1}{z} + \cdots.\end{aligned}$$

Mittels des Residuensatzes erhalten wir für den Auftrieb:
$$\begin{aligned}\overline{F} &= \frac{i\rho}{2}\oint_C (f'(z))^2\,dz \\ &= \frac{i\rho}{2}\oint_{|z|=R_1} (f'(z))^2\,dz \\ &= \frac{i\rho}{2}\cdot 2\pi i \cdot \frac{\Gamma \overline{w}_\infty}{\pi i} \\ &= i\rho\,\Gamma\,\overline{w}_\infty.\end{aligned}$$

Fazit: $F = -i\,\rho\,\Gamma\,w_\infty$.

Kapitel 4. Anwendung in der Aerodynamik ─────────────────────── 47

Satz 4.1 (Kutta-Joukowski) *Der Auftrieb F, den eine umströmte Kontur erfährt, ist dem Betrag nach gleich $\rho\,|\Gamma|\,|w_\infty|$ (ρ = Dichte der Luft, Γ = Zirkulation, w_∞ = Geschwindigkeit in ∞). Die Richtung von F ist gegeben durch $-i\Gamma w_\infty$, also durch*

$$\begin{array}{ll} \arg w_\infty - \frac{\pi}{2} & \text{für } \Gamma > 0 \\ \arg w_\infty + \frac{\pi}{2} & \text{für } \Gamma < 0 \end{array}.$$

Wie sehen nun die Stromlinien einer quellen- und wirbelfreien Umströmung eines Tragflügels aus? Ein Beispiel für die Kontur C erhält man wie folgt: Die Kontur C ist das Bild eines geeigneten Kreises K unter der Joukowski-Abbildung. In unserem Beispiel gilt:

$$K : \left| z - \left(-\frac{1}{5} + \frac{2}{5} i \right) \right| = \frac{\sqrt{40}}{5}; \qquad f(z) = z + \frac{1}{z}.$$

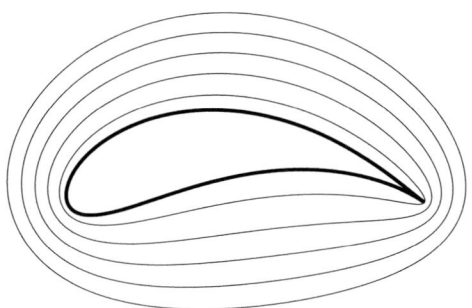

Abbildung 4.1: Umströmung einer Tragfläche

Kapitel 5

Umströmung eines Kreiszylinders

Gesucht ist das komplexe Potential f einer zirkulationsfreien (also $\Gamma = 0$) Umströmung des „Zylinders" $\{|z| \leq R\}$.

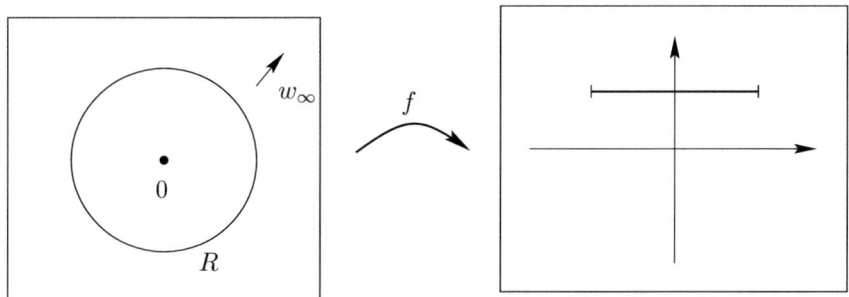

Nach Satz 3.2 gilt: f bildet $\{|z| > R\}$ *schlicht* auf das Äußere einer zur x-Achse parallelen Strecke ab. Außerdem hat $f(z)$ die folgende Laurententwicklung im Punkt ∞: (Satz 3.1; $\Gamma = 0$):

$$f(z) = \overline{w}_\infty z - a_{-2}\frac{1}{z} + \ldots \quad (|z| \geq R_0 > R)$$

Wir betrachten die Joukowski-Funktion, die dem Anfang dieser Laurentreihe sehr ähnlich ist:

$$g(z) = k\left(\frac{z}{R} + \frac{R}{z}\right) \quad \text{mit } k \in \mathbb{R}$$

Es folgt:

$$\begin{aligned} g(Re^{i\theta}) &= k\left(e^{i\theta} + e^{-i\theta}\right) \\ &= 2k\cos\theta \ \in \mathbb{R}. \end{aligned}$$

Das Feld $w(z) := \overline{g'(z)}$ ist quellen- und wirbelfrei in $\{|z| > R\}$. Für $\{|z| = R\}$ folgt:

$$\Gamma + iN = \oint_{|z|=R} g'(z)\, dz = \oint_{|z|=R} k\left(\frac{1}{R} - \frac{R}{z^2}\right) dz = 0\,.$$

Insbesondere verschwindet die Zirkulation längs $\{|z| > R\}$.

Der Kreis $C := \{|z| = R\}$ besteht aus Stromlinien desseben Niveaus, da $g(C) = [-2k, 2k]$, d.h. Im $g(z) = 0$ für alle $z \in C$. Damit erfüllt g alle Bedingungen aus Kapitel 3, also ist g *das komplexe Potential* für $\overline{w}_\infty = \lim_{z\to\infty} g'(z)$ und $\Gamma = 0$, d.h. $\overline{w}_\infty = \lim_{z\to\infty} k\left(\frac{1}{R} - \frac{R}{z^2}\right) = \frac{k}{R} \in \mathbb{R}$. Man erhält $w_\infty R = k$ und $\Gamma = 0$.

Um daraus das Potential für die Strömung mit $w_\infty = |w_\infty| e^{i\varphi}$ zu erhalten, drehen wir die z-Ebene um den Winkel $-\varphi$. Für das Potential gilt:

$$g(\zeta) = k\left(\frac{\zeta}{R} + \frac{R}{\zeta}\right) \quad \text{mit} \quad k = R|w_\infty|$$

d.h.

$$\begin{aligned}
f(z) &:= g\left(e^{-i\varphi} z\right) \\
&= R|w_\infty|\left(\frac{e^{-i\varphi} z}{R} + \frac{R}{e^{-i\varphi} z}\right) \\
&= |w_\infty| e^{-i\varphi} z + |w_\infty| e^{i\varphi} \frac{R^2}{z}\,.
\end{aligned}$$

Wir erhalten: $f(z) = \overline{w}_\infty z + w_\infty \frac{R^2}{z}$.

$f(z)$ ist damit das komplexe Potential für die zirkulationsfreie Umströmung von $\{|z| \leq R\}$, d.h. $\Gamma = 0$, denn nach Konstruktion ist der Imaginärteil von $f(z)$ konstant auf der Kreislinie $\{|z| = R\}$, d.h. diese besteht aus endlich vielen Stromlinien desselben Niveaus. Außerdem gilt $\lim_{z\to\infty} f'(z) = \overline{w}_\infty$.

Um eine Zirkulation $\Gamma \neq 0$ um $\{|z| = R\}$ zu erhalten, addieren wir den Wirbel $\frac{\Gamma}{2\pi i} \log z$ hinzu, der Kreis $\{|z| = R\}$ besteht dann immer noch aus Stromlinien, da Im $\left(\frac{\Gamma}{2\pi i} \log(z)\right) = -\frac{\Gamma}{2\pi} \ln|R|$, also konstant für $|z| = R$ ist. Mit der Eindeutigkeitsaussage von Satz 3.1 folgt:

Satz 5.1 *Das komplexe Potential der Umströmung des „Zylinders" $\{|z| \leq R\}$ mit der Zirkulations Γ längs $\{|z| = R\}$ und der Geschwindigkeit w_∞ in ∞ ist*

$$f(z) = \overline{w}_\infty z + w_\infty \frac{R^2}{z} + \frac{\Gamma}{2\pi i} \log z.$$

Kapitel 5. Umströmung eines Kreiszylinders — 51

Staupunkte: Ein Staupunkt ist einfach dadurch definiert, daß das Fluid in diesem Punkt die Geschwindigkeit Null besitzt: $w = \overline{f'(z_0)} = 0$. Wir nehmen der Einfachheit halber an, daß $w_\infty \in \mathbb{R} \setminus \{0\}$ ist. Dann gilt:

$$f'(z) = w_\infty - w_\infty \frac{R^2}{z^2} + \frac{\Gamma}{2\pi i} \frac{1}{z} \overset{!}{=} 0$$

$$\Leftrightarrow z^2 - i\frac{\Gamma}{2\pi w_\infty} z - R^2 = 0$$

$$\Leftrightarrow z_{1,2} = i\frac{\Gamma}{4\pi w_\infty} \pm \sqrt{R^2 - \frac{\Gamma^2}{16\pi^2 w_\infty^2}} =: i\frac{\Gamma}{4\pi w_\infty} \pm \alpha.$$

1. Fall: $\Gamma = 0$, $z_{1,2} = \pm R$.
Es gibt zwei Staupunkt, die *auf dem Zylinder* liegen. Sie sind Anfangs- bzw. Endpunkt von Stromlinien.

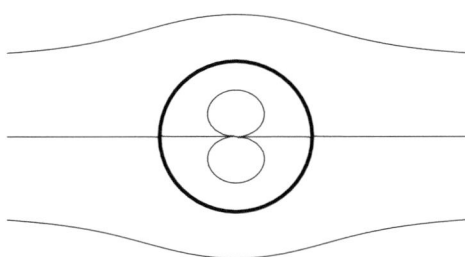

Abbildung 5.1: 1. Fall: $\Gamma = 0$

2. Fall: $0 < \left|\frac{\Gamma}{4\pi w_\infty}\right| < R$.
Dann ist $z_{1,2} = i\frac{\Gamma}{4\pi w_\infty} \pm \alpha$ mit einem $\alpha > 0$. Somit gilt $|z_{1,2}|^2 = \frac{\Gamma^2}{16\pi^2 w_\infty^2} + R^2 - \frac{\Gamma^2}{16\pi^2 w_\infty^2} = R^2$. Die beiden Staupunkte liegen also wiederum *auf dem Zylinder* und sind End- bzw. Anfangspunkt einer Stromlinie. $z_{1,2}$ sind die Schnittpunkte des Kreises $\{|z| = R\}$ mit der Geraden Im $z = \frac{\Gamma}{4\pi w_\infty}$.

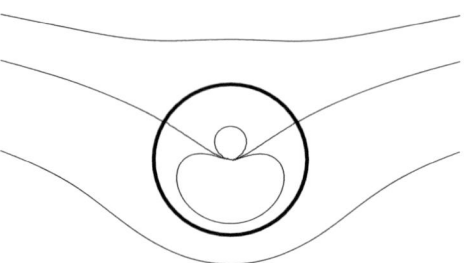

Abbildung 5.2: 2. Fall: $0 < \left|\dfrac{\Gamma}{4\pi w_\infty}\right| < R$

3. Fall: $\left|\dfrac{\Gamma}{4\pi w_\infty}\right| = R.$

Die beiden Staupunkte aus Fall 2 fallen zusammen in $z_0 = i\dfrac{\Gamma}{4\pi w_\infty} = iR$. Auch hier liegt z_0 auf dem Zylinder.

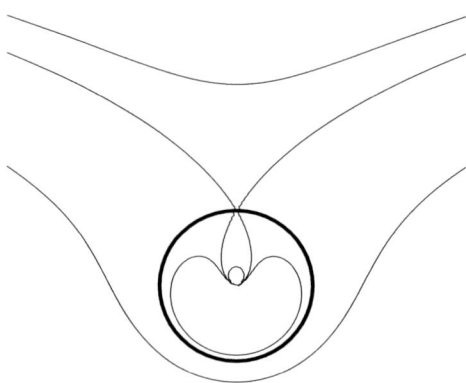

Abbildung 5.3: 3. Fall: $\left|\dfrac{\Gamma}{4\pi w_\infty}\right| = R$

4. Fall: $\left|\dfrac{\Gamma}{4\pi w_\infty}\right| > R.$

Das α für $z_{1,2} = i\dfrac{\Gamma}{4\pi w_\infty} \pm \alpha$ ist nun rein imaginär, und damit liegen $z_{1,2}$ auf der imaginären Achse. Aus dem Vietaschen Wurzelsatz $z_1 \cdot z_2 = -R^2$ sieht man, daß genau einer der beiden Staupunkte außerhalb und einer innerhalb des Kreises $\{|z| = R\}$ liegt. Der letztere ist ein

Kapitel 5. Umströmung eines Kreiszylinders _____ 53

sogenannter virtueller Staupunkt, der keinerlei physikalische Bedeutung besitzt. Also gibt es *genau einen Staupunkt* außerhalb des Zylinders.

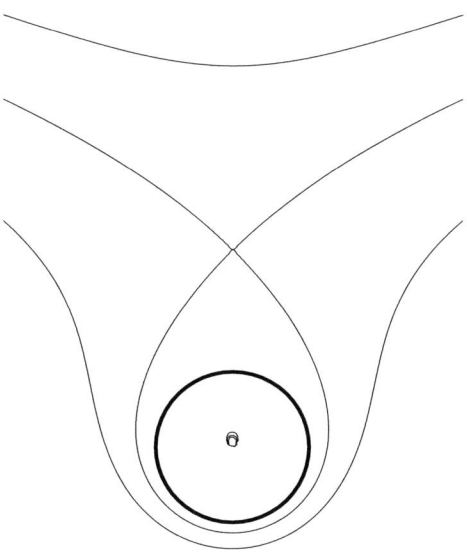

Abbildung 5.4: 4. Fall: $\left|\dfrac{\Gamma}{4\pi w_\infty}\right| > R$

Zu den Schnittwinkeln derjenigen Stromlinien, die in einem Staupunkt beginnen oder enden:

In den Staupunkten z_0 gilt in allen Fällen $f'(z_0) = 0$, d.h. $f(z)$ ist in z_0 nicht konform, also bleiben die Schnittwinkel bei der Abbildung $f(z)$ *nicht* erhalten (siehe die Diskussion am Ende von Kapiel 2). Genauer gilt für jeden Staupunkt z_0 im

Fall 1), 2), 4): $\quad f'(z_0) = 0, f''(z_0) \neq 0$
Fall 3): $\qquad\quad\; f'(z_0) = 0, f''(z_0) = 0, f'''(z_0) \neq 0.$

Die Abbildung verhält sich nahe z_0 also wie $(z-z_0)^2$ bzw. $(z-z_0)^3$. Die Winkel werden daher verdoppelt bzw. verdreifacht. Das Niveau der in z_0 endenden Stromlinien ist gleich. Damit ist für die Fälle 1), 2) und 4) der Schnittwinkel $\frac{\pi}{2}$, denn die Winkel werden verdoppelt.

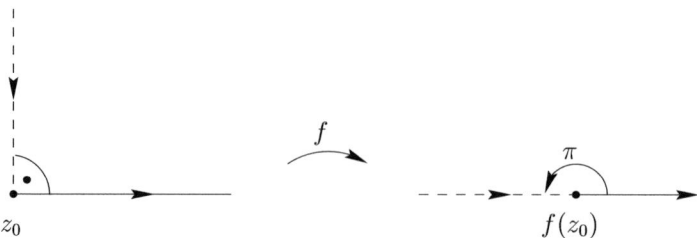

Bei dem Fall 3) ist der Schnittwinkel gleich $\frac{\pi}{3}$, denn die Winkel werden verdreifacht.

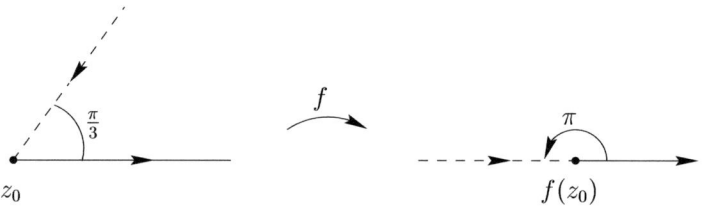

Umströmung analytischer Konturen

Im folgenden werden wir uns die Ergebnisse, die wir für die Umströmung eines Kreiszylinders erhalten haben, für die Umströmung einer beliebigen analytischen Kontur C zunutze machen. Dafür benötigen wir den folgenden Satz.

Riemannscher Abbildungssatz
Es sei $G \subset \widehat{\mathbb{C}}$ ein einfach zusammenhängendes Gebiet mit mindestens zwei Randpunkten und $\infty \in G$. Dann gibt es eine schlichte Abbildung $h : G \to \widehat{\mathbb{C}}$, $h(G) = \{|z| > 1\} \cup \{\infty\}$ und $h(z) = a_1 z + a_0 + a_{-1}\frac{1}{z} + \ldots$ für $|z| > R$ mit $a_1 > 0$ reell.

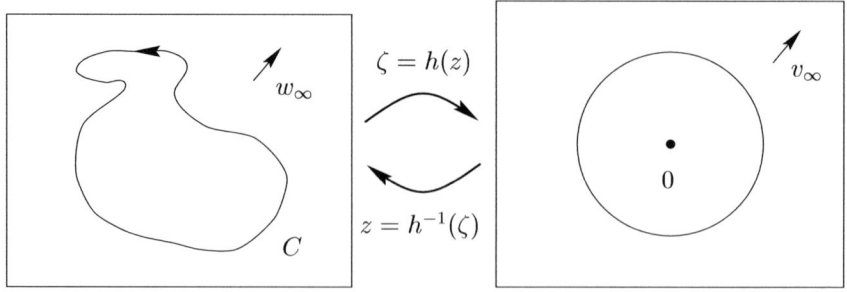

Sei $f(z)$ das komplexe Potential der Außenumströmung in G mit Zirkulation Γ um $C := \partial G$

Kapitel 5. Umströmung eines Kreiszylinders _____ 55

und Geschwindigkeit w_∞ in ∞. Dann ist
$$F(\zeta) := f(h^{-1}(\zeta))$$
holomorph in $\{|\zeta| > 1\}$ und definiert dort eine Umströmung von $\{|\zeta| < 1\}$ (also eines Kreiszylinders) mit der Zirkulation $\tilde{\Gamma}$ und der Geschwindigkeit v_∞ in $\zeta_0 = \infty$. Bemerkung 2 zum Logarithmischen Singulatritätensatz liefert:

$$\begin{aligned}
\tilde{\Gamma} + i\tilde{N} &= \oint_{|\zeta|=1} \frac{d}{d\zeta} f(h^{-1}(\zeta))\, d\zeta \\
&= \oint_{|\zeta|=1} f'(h^{-1}(\zeta))(h^{-1}(\zeta))'\, d\zeta \\
&\stackrel{z=h^{-1}(\zeta)}{=} \oint_C f'(z)\, dz \\
&= \Gamma + iN.
\end{aligned}$$

Die Formeln für $f(z)$ für die Außenumströmung (siehe Kapitel 3) liefern $\tilde{N} = 0 = N$. Es folgt also $\tilde{\Gamma} = \Gamma$. Für die Grenzgeschwindigkeit in $\zeta = \infty$ gilt:

$$\begin{aligned}
\overline{v}_\infty &= \lim_{\zeta \to \infty} F'(\zeta) \\
&= \lim_{\zeta \to \infty} f'(h^{-1}(\zeta)) \cdot (h^{-1}(\zeta))' \\
&= \lim_{\zeta \to \infty} f'(h^{-1}(\zeta)) \cdot \frac{1}{h'(h^{-1}(\zeta))} \\
&\stackrel{z=h^{-1}(\zeta)}{=} \lim_{z \to \infty} f'(z) \cdot \frac{1}{h'(z)} \\
&= \lim_{z \to \infty} f'(z) \cdot \lim_{z \to \infty} \frac{1}{a_1 - \frac{a_{-1}}{z^2} - \cdots} \\
&= \frac{\overline{w}_\infty}{a_1}.
\end{aligned}$$

Mit Satz 5.1 folgt nun $F(\zeta) = \overline{v}_\infty \zeta + v_\infty \frac{1}{\zeta} + \frac{\tilde{\Gamma}}{2\pi i} \log \zeta$, und mit $f(z) = F(h(z))$ gilt für *das komplexe Potential der Umströmung von C*:

$$f(z) = \frac{\overline{w}_\infty}{a_1} h(z) + \frac{w_\infty}{a_1} \frac{1}{h(z)} + \frac{\Gamma}{2\pi i} \log h(z)$$

Kennt man also die Riemannsche Abbildungsfunktion h, so kann man das komplexe Potential direkt angeben.

Dilemma: h ist in der Regel nicht bekannt, ebensowenig a_1.

Kapitel 6

Das Kreistheorem und das Geradentheorem

Wir betrachten die spezielle Joukowski-Funktion $f(z) = z + \frac{1}{z}$ (Umströmung des „Zylinders" $|z| \leq 1$). Offenbar gilt:
$$\overline{f\left(\frac{1}{\overline{z}}\right)} = \overline{\frac{1}{\overline{z}} + \overline{z}} = z + \frac{1}{z} = f(z).$$
Dies gilt allgemeiner: Da f den Kreis $\{|z|=1\}$ auf das Intervall $[-2,2] \subset \mathbb{R}$ abbildet, gilt das Spiegelungsprinzip für holomorphe Funktionen:
$$f\left(\frac{1}{\overline{z}}\right) = \overline{f(z)}.$$
$\frac{1}{\overline{z}}$ ist die Spiegelung an dem Kreis $\{|z|=1\}$, und $\overline{f(z)}$ ist die Spiegelung des Funktionswertes an der reellen Achse.

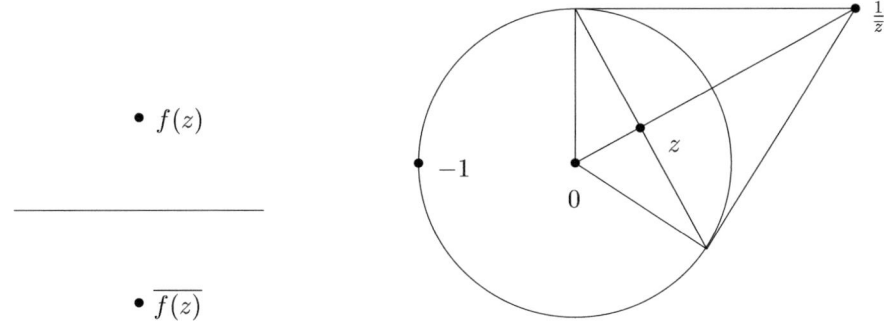

Satz 6.1 (Kreistheorem, Milne-Thomson 1968) *Es sei* $f(z) = g(z) + \sum_{j=1}^{n} \frac{c_j}{2\pi i} \log(z - z_j)$, $g(z)$ *holomorph in* $\mathbb{C}$, *das komplexe Potential einer Strömung in* $\mathbb{C}$ *mit den*

Wirbelquellen $z_1, \ldots, z_n$ der komplexen Stärke $c_1, \ldots, c_n$. Ferner gelte $|z_j| > R$ für alle Indizes j.
Wird ein ein „Kreiszylinder" $\{|z| \leq R\}$ in die Strömung gebracht, so wird eine Umströmung des „Kreiszylinders" realisiert durch das komplexe Potential

$$F(z) = f(z) + \overline{f\left(\frac{R^2}{\overline{z}}\right)}.$$

Diese Funktion ist das einzige komplexe Potential $F(z)$ (bis auf eine additive Konstante) von Umströmungen des „Kreiszylinders" mit den folgenden Eigenschaften:

1. *$F(z)$ ist holomorph in $\{|z| \geq R\}$ bis auf die Punkte $z_1, \ldots, z_n$. In jedem Punkt z_j liegt eine Wirbelquelle der komplexen Stärke c_j vor.*

2. *Die ursprüngliche Strömung $\overline{f'(z)}$ verhält sich nahe Unendlich wie die neue Strömung $\overline{F'(z)}$, d.h.*
$$\lim_{z \to \infty}(f'(z) - F'(z)) = 0.$$

3. *Die Zirkulation von $\overline{F'(z)}$ längs $\{|z| = R\}$ verschwindet.*

Bemerkung: Obiges komplexe Potential $F(z)$ kann mittels des Spiegelungsprinzips holomorph fortgesetzt werden in die gelochte Kreisscheibe $\{0 < |z| < R\}$ bis auf die Spiegelpunkte $\frac{R^2}{\overline{z_1}}, \ldots, \frac{R^2}{\overline{z_n}}$, in denen virtuelle Wirbelquellen vorliegen.

Beweis: Für Punkte auf dem „Zylinder" gilt $z\overline{z} = R^2$ und damit $F(z) = f(z) + \overline{f(z)} = 2\operatorname{Re} f(z) \in \mathbb{R}$, d.h. für $|z| = R$ gilt $\operatorname{Im} F(z) = 0$. Somit ist $\overline{F'(z)}$ eine Umströmung von $\{|z| = R\}$. Mit der Voraussetzung, daß $f(z)$ keine Singularitäten im Kreis $\{|z| \leq R\}$ hat, folgt außerdem, daß $\overline{f(R^2/\overline{z})}$ für $|z| \geq R$ holomorph ist und damit, daß die Singularitäten von $F(z)$ in $\{|z| \geq R\}$ diejenigen von $f(z)$ sind. Durch Betrachtung der Laurententwicklung von $F'(z)$ um z_j ergibt sich c_j als komplexe Stärke, also die erste Behauptung. Die zweite ergibt sich wie folgt: Die Holomorphie von $f(z)$ im Kreis $\{|z| \leq R\}$ impliziert $f(z) = \sum_{n=0}^{\infty} a_n z^n$. Es folgt dann für alle $|z| \geq R$:

$$\frac{d}{dz}\overline{f(R^2/\overline{z})} = \left(\sum_{n=0}^{\infty} n\overline{a_n}\left(R^2/z\right)^{n-1}\right) \cdot \left(-R^2/z^2\right) = \left(-R^2/z^2\right)\overline{f'(R^2/\overline{z})}.$$

Wir erhalten damit

$$\lim_{z \to \infty}(F'(z) - f'(z)) = \lim_{z \to \infty} \overline{f'(0)} \cdot \left(-R^2/z^2\right) = 0.$$

Aus den Potenzreihen erhalten wir für $\{|z| = R\}$:

$$F'(z) = \sum_{n=0}^{\infty} na_n z^{n-1} - \sum_{n=0}^{\infty} n\overline{a_n}\frac{R^{2n}}{z^{n+1}}.$$

Kapitel 6. Das Kreistheorem und das Geradentheorem

Da alle Summanden eine Stammfunktion besitzen folgt:

$$\Gamma = \Gamma + iN = \oint_{|z|=R} F'(z)\,dz = 0 \ .$$

Sind zwei komplexe Potentiale mit 1), 2) und 3) gegeben, so betrachte die durch die Differenz gegebene Umströmung des „Kreiszylinders" $\{|z| \leq R\}$. Die Differenz $H(z)$ ist eine in $\{|z| > R\}$ holomorphe Funktion, da sich die Wirbelquellen wegheben, die Geschwindigkeit in ∞ ist Null, ebenso die Zirkulation längs der Kreislinie. Die Eindeutigkeitsaussage im Satz 3.1 liefert dann $H(z) = 0$.

Beispiel: Betrachten wir eine Parallelströmung $f(z) = \overline{w}_\infty z$. Für die Umströmung des „Kreiszylinders" $\{|z| \leq R\}$ ergibt sich:

$$\begin{aligned} F(z) &= f(z) + \overline{f\left(\frac{R^2}{\overline{z}}\right)} \\ &= \overline{w}_\infty z + \overline{\left(\overline{w}_\infty \frac{R^2}{\overline{z}}\right)} \\ &= \overline{w}_\infty z + w_\infty \frac{R^2}{z} \quad (|z| \geq R). \end{aligned}$$

Dieses Ergebnis kennen wir bereits aus Kapitel 5.

Satz 6.2 (Spiegelungsprinzip, Geradentheorem) *Es sei $f(z) = g(z) + \sum_{j=1}^n \frac{c_j}{2\pi i} \log(z - z_j)$, $g(z)$ holomorph in $\mathbb{C}$, das komplexe Potential einer Strömung in $\mathbb{C}$ mit den Wirbelquellen $z_1, \ldots, z_n$ der komplexen Stärke $c_1, \ldots, c_n$. Ferner gelte $\operatorname{Im} z_j > h$ für alle Indizes j.*
Dann besteht die feste Wand $\{\operatorname{Im} z = h\}$ aus Stromlinien desselben Niveaus der Strömung mit dem komplexen Potential

$$F(z) = f(z) + \overline{f\,(\overline{z} + 2ih)}$$

Diese Funktion ist das einzige komplexe Potential $F(z)$ (bis auf eine additive Konstante) von Strömungen in der Halbebene $\{\operatorname{Im} z > h\}$ mit den folgenden Eigenschaften:

1. *$F(z)$ ist holomorph in $\mathbb{C}$ bis auf die Punkte $z_1, \ldots, z_n$ und deren Spiegelpunkte $z_1^*, \ldots, z_n^*$ bezüglich der Geraden $\operatorname{Im} z = h$. In jedem Punkt z_j liegt eine Wirbelquelle der komplexen Stärke c_j vor, in jedem Spiegelpunkt z_j^* eine Wirbelquelle der komplexen Stärke $\overline{c_j}$.*

2. *Die ursprüngliche Strömung $\overline{f'(z)}$ verhält sich nahe Unendlich wie die neue Strömung $\overline{F'(z)}$, d.h.*

$$\lim_{z \to \infty}(f'(z) - F'(z)) = 0 \ .$$

3. *Für ein R mit $R > |z_j|$ und $R > |z_j^*|$ für alle Indizes j gilt: Fluß durch und Zirkulation längs $\{|z| = R\}$ sind bei alter und neuer Strömung gleich.*

Beweis: $\bar{z} + 2ih$ ist der Spiegelpunkt von z an der Geraden Im $z = h$. Also ist $\overline{f(\bar{z} + 2ih)}$ in der oberen Halbebene $\{\text{Im } z > h\}$ holomorph. Die Singularitäten von $F(z)$ sind somit diejenigen von $f(z)$ und deren Spiegelbilder an der Geraden $\{\text{Im } z = h\}$. Für $z = x + ih$ gilt:

$$F(x + ih) = f(x + ih) + \overline{f(\underbrace{x - ih + 2ih}_{=x+ih})} = 2\text{Re } f(x + ih) \in \mathbb{R} \ .$$

Also besteht $\{\text{Im } z = h\}$ aus Stromlinien desselben Niveaus. Die Überprüfung der Behauptungen 1), 2) und 3) sei dem Leser überlassen. Zur Eindeutigkeit:
Sind zwei komplexe Potentiale $F_1(z), F_2(z)$ mit 1), 2) und 3) gegeben, so bildet man deren Differenz $H(z)$. Die Funktion $H(z)$ ist in der ganzen Ebene $\mathbb{C}$ holomorph, da die Wirbelquellen sich wegheben. Auf der Geraden $\{\text{Im } z = h\}$ gilt Im $H(z) = $ const. Wegen desselben Verhaltens in ∞, siehe 2), gilt die Laurententwicklung

$$H'(z) = a_{-1}\frac{1}{z} + a_{-2}\frac{1}{z^2} + \ldots$$

Integration längs der Kreislinie $\{|z| = R\}$ liefert:

$$a_{-1} = \frac{1}{2\pi i}\oint_{|z|=R} H'(z)\, dz = \frac{1}{2\pi i}\oint_{|z|=R} F_1'(z)\, dz - \frac{1}{2\pi i}\oint_{|z|=R} F_2'(z)\, dz = 0 \ .$$

Die letzte Gleichung folgt dabei aus der Gleichheit der Zirkulationen und der Ergiebigkeiten längs $\{|z| = R\}$, siehe 3). Wir erhalten durch Integration:

$$H(z) = a_0 - a_{-2}\frac{1}{z} - \ldots$$

Die Funktion $H(z)$ ist daher in der ganzen Ebene $\mathbb{C}$ holomorph und beschränkt, also konstant, nach dem Satz von Liouville.

Beispiel: *Quelle mit fester Wand* $\{\text{Im } z = 0\}$
Das Potential für eine Quelle am Ort ai ($a \in \mathbb{R}$) kennen wir bereits (siehe Tabelle in Kapitel 2):

$$f(z) = \frac{N}{2\pi}\log(z - ai) \ .$$

Nach obigen Satz (mit $h := 0$) ergibt sich für die Strömung mit Wand wegen $\overline{\log(\bar{z} - ai)} = \ln|\bar{z} - ai| - i\arg(\bar{z} - ai) = \ln|z + ai| + i\arg(z + ai) + 2\pi ki = \log(z + ai) + 2\pi ki$:

$$\begin{aligned}
F(z) &= f(z) + \overline{f(\bar{z})} \\
&= \frac{N}{2\pi}\left[\log(z - ai) + \overline{\log(\bar{z} - ai)}\right] \\
&= \frac{N}{2\pi}\left[\log(z - ai) + \log(z + ai) + 2\pi ki\right] \\
&= \frac{N}{2\pi}\log(z^2 + a^2) + \text{const.}
\end{aligned}$$

Kapitel 6. Das Kreistheorem und das Geradentheorem ──────────────── 61

Die *Stromlinien* ergeben sich aus Im $F(z) = \text{const.}, F'(z) \neq 0$. Man erhält für $z \neq 0$
(beachte: $\log(z^2 + a^2) = \log(x^2 + 2ixy - y^2 + a^2)$)

$$\begin{aligned} c &:= \text{Im}\,\{\log(z^2 + a^2)\} \\ &= \arg\{x^2 - y^2 + a^2 + i\,2xy\} \\ &= \arctan\left(\frac{2xy}{x^2 - y^2 + a^2}\right). \end{aligned}$$

Für $c = \pi/2$ also $y = \sqrt{a^2 + x^2}, x \neq 0$, ansonsten

$$\begin{aligned} \tan(c) &= \frac{2xy}{x^2 - y^2 + a^2} \\ \Leftrightarrow x^2 - y^2 + a^2 &= 2xy \cot(c) \\ \Leftrightarrow y^2 + 2xy \cot(c) - x^2 &= a^2 \\ \Leftrightarrow \left[y + x \cot\left(\frac{c}{2}\right)\right]\left[y - x \tan\left(\frac{c}{2}\right)\right] &= a^2 \\ \Leftrightarrow \left[y \tan\left(\frac{c}{2}\right) + x\right]\left[y - x \tan\left(\frac{c}{2}\right)\right] & \\ &= a^2 \tan\left(\frac{c}{2}\right). \end{aligned}$$

(Es gilt $\cot(c/2) - \tan(c/2) = 2\cot(c)$.) Dies sind gedrehte rechtwinklige Hyperbeln. Einfach zu sehen ist dies, wenn man die neuen rechtwinkligen Koordinaten $\bar{x}, \bar{y}$ definiert:

$$\left.\begin{aligned} \bar{x} &:= y \tan\left(\frac{c}{2}\right) + x \\ \bar{y} &:= y - x \tan\left(\frac{c}{2}\right) \end{aligned}\right\} \Rightarrow \bar{x}\,\bar{y} = a^2 \tan\left(\frac{c}{2}\right)$$

Die Asymptoten liegen bei $\bar{x} = 0$ und $\bar{y} = 0$, also bei $y = -x \cot\left(\frac{c}{2}\right)$ und $y = x \tan\left(\frac{c}{2}\right)$.
Außerdem stehen die Asymptoten senkrecht aufeinander.

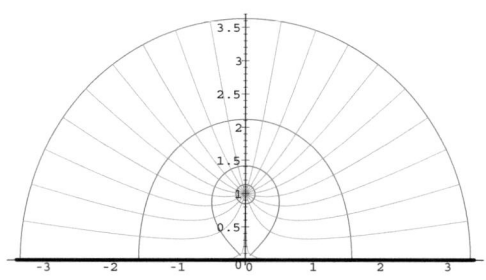

Abbildung 6.1: Quelle gegen Wand

Beispiel: *Geladener Stab gegen isolierte Wand*
Das Feld des Stabes ohne die Wand ist wieder

$$f(z) = \frac{N}{2\pi} \log(z - ai).$$

Unterschied zum Quellenbeispiel: $\mathbb{R}$ muß eine Äquipotentiallinie und keine Stromlinie sein, d.h. Re $F(z) = $ const.!!

Erreichbar ist dies durch $F(z) := f(z) - \overline{f(\overline{z})}$, denn dann gilt für alle $x \in \mathbb{R}$:

$$F(x) = f(x) - \overline{f(x)} = 2i \operatorname{Im} f(x), \quad \text{d.h. Re } F(x) = 0.$$

Somit erhalten wir für das komplexe Potential:

$$\begin{aligned}
F(z) &= \frac{N}{2\pi}\left[\log(z - ai) - \overline{\log(\overline{z} - ai)}\right] \\
&= \frac{N}{2\pi}\left[\log(z - ai) - \log(z + ai) + 2k\pi i\right] \\
&= \frac{N}{2\pi}\log\left(\frac{z - ai}{z + ai}\right) + \text{const.}
\end{aligned}$$

Die *Äquipotentiallinien* erhält man aus der Bedingung Re $F = $ const., also

$$\frac{N}{2\pi}\ln\left|\frac{z - ai}{z + ai}\right| = c_1$$

b.z.w. $\left|\dfrac{z - ai}{z + ai}\right| = c,$

d.h. für $w(z) = \frac{z-ai}{z+ai}$ gilt $|w(z)| = c$, ergo $z \in w^{-1}(\{|\zeta| = c\})$. Also sind die Äquipotentiallinien verallgemeinerte Kreise, da $w(z)$ eine Möbiustransformation ist.

Für die *Feldlinien* muß Im $F = $ const., $F'(z) \neq 0$ gelten. Die letzte Bedingung ist immer erfüllt. Die erste liefert $\arg\left(\frac{z-ai}{z+ai}\right) = c$ und somit $w(z) \in \{e^{ic}t,\ t > 0\}$. Diese Menge ist eine Halbgerade L. z liegt also auf einem verallgemeinerten Kreis $w^{-1}(L)$ durch die Punkte ai und $-ai$, denn $w(ai) = 0$, $w(-ai) = \infty \in L$. Diese schneiden die Äquipotentiallinienkreise senkrecht.

Kapitel 6. Das Kreistheorem und das Geradentheorem ———————— 63

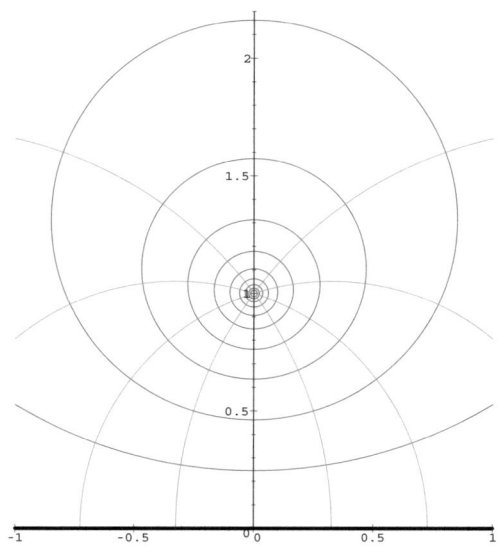

Abbildung 6.2: geladener Stab gegen isolierte Wand

Achtung: Spiegelungsprinzip im elektrostatischen Fall:
Hier wird meist $\Phi(z) = \text{Re } F(z) = \text{const.}$ benötigt! (Siehe vorheriges Beispiel.) Der Grund dafür ist, daß die „Hindernisse" in der Elektrostatik fast immer Metalloberflächen sind, und diese sind nunmal Äquipotentialflächen. Deshalb müssen für diese Fälle die Sätze 6.1 und 6.2 etwas abgeändert werden:

$$\text{Satz 6.1:} \quad F(z) := f(z) - \overline{f\left(\frac{R^2}{\overline{z}}\right)}$$

$$\text{Satz 6.2:} \quad F(z) := f(z) - \overline{f(\overline{z} + 2ih)}$$

Beispiel: *Quelle zwischen zwei festen Wänden*

Gesucht ist das komplexe Potential $f(z)$ einer Strömung der Quelle in $z_0 = 0$ der Ergiebigkeit Q, die sich zwischen den festen Wänden $\text{Im } z = \pm \frac{a}{2}$ befindet. Auf diesen Wänden gelte $\text{Im } f(z) = \pm \frac{Q}{4}$.

Zunächst verpflanzen wir das Problem in die obere Halbebene:

$$\begin{array}{c|c}
z \Big| & w \Big| \\
\frac{ai}{2} \quad \text{Im} = +\frac{Q}{4} & \\
 & G \\
\bullet\, 0 \qquad w = ie^{\frac{\pi}{a}z} & \bullet\, i \\
\longrightarrow & \\
-\frac{ai}{2} \quad \text{Im} = -\frac{Q}{4} & \text{Im} = +\frac{Q}{4} \quad 0 \quad \text{Im} = -\frac{Q}{4}
\end{array}$$

Nach dem obigen Beispiel wird man in der w-Ebene das komplexe Potential $\frac{Q}{2\pi}\log(w^2+1)$ ansetzen, wobei wir für den Imaginärteil des Logarithmus $0 \le \arg w < 2\pi$ wählen.

Allerdings stimmen dann die Randwerte V des Imaginärteils nicht mehr mit der Forderung $V = \mp\frac{Q}{4}$ überein. Um dies zu kompensieren, addieren wir im Ursprung eine „Randquelle" $c_1 \log(w) + c_2$ hinzu. Dabei ist zu beachten, daß *derselbe* Zweig des Logarithmus benutzt wird. Genaueres Hinsehen liefert

$$h(w) = \frac{Q}{2\pi}\log(w^2+1) - \frac{Q}{2\pi}\log(iw),$$

denn einerseits sind beide Terme für Im $w > 0$ erklärt (für denselben Logarithmuszweig mit $0 \le \arg w < 2\pi$), und es gilt für

$$\begin{array}{ll}
w > 0: & \text{Im } h(w) = 0 - \frac{Q}{2\pi}\frac{\pi}{2} = -\frac{Q}{4} \\
w < 0: & \text{Im } h(w) = Q - \frac{Q}{2\pi}\frac{3\pi}{2} = +\frac{Q}{4}.
\end{array}$$

Dabei ist folgendes zu beachten: $w < 0$ impliziert einen Grenzübergang aus der oberen Halbebene an w. Der Term $w^2 + 1$ nähert sich aber von *unten* der positiven reellen Achse, d.h. das Argument ist 2π und nicht Null!

In der z-Ebene ergibt dies das folgende komplexe Potential:

$$\begin{aligned}
f(z) &= \frac{Q}{2\pi}\left[\log\left(-e^{\frac{2\pi}{a}z}+1\right) - \log\left(-e^{\frac{\pi}{a}z}\right)\right] \\
&= \frac{Q}{2\pi}\left[\log\left(e^{\frac{\pi}{a}z} - e^{-\frac{\pi}{a}z}\right) + 2k\pi i\right] \\
&= \frac{Q}{2\pi}\left[\log\left(2\sinh\frac{\pi z}{a}\right) + 2k\pi i\right] \quad (z \in G).
\end{aligned}$$

(Dabei ist zunächst $k = k(z)$ eine ganzzahlige holomorphe Funktion im Gebiet G, also eine Konstante k nach dem Satz von der Gebietstreue.)

Die richtigen Randwerte und $k = 0$ erhält man durch Wahl des folgenden Zweiges des Logarithmus $\log \zeta$:

$$-\pi < \arg \zeta < \pi.$$

Läßt man die unwesentliche additive Konstante $\log 2$ weg, lautet das Ergebnis

$$f(z) = \frac{Q}{2\pi} \log\left(\sinh \frac{\pi z}{a}\right).$$

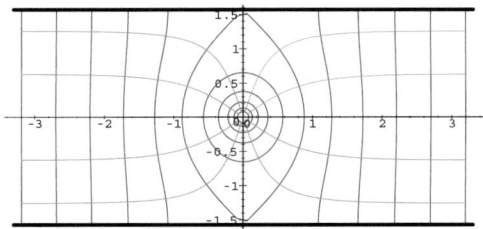

Abbildung 6.3: Quelle zwischen zwei Wänden

Kapitel 7

Die Schwarz-Christoffel-Formel

Es sei Π ein gradlinig begrenztes Polygon in $\mathbb{C}$ mit den Eckpunkten $w_1, \ldots, w_n \in \mathbb{C}$. Das Gebiet P liege links des orientierten, doppelpunktfreien und zusammenhängenden Streckenzuges $[w_1, w_2, \ldots, w_n, w_1]$. Dann ist P nach dem Jordanschen Kurvensatz ein einfach zusammenhängendes Gebiet. P heißt *(inneres) Polygongebiet*. Nach dem Riemannschen Abbildungssatz läßt sich P schlicht auf die obere Halbebene H abbilden. Es existiert daher auch die *schlichte* (Umkehr-)Abbildung f von H auf P.

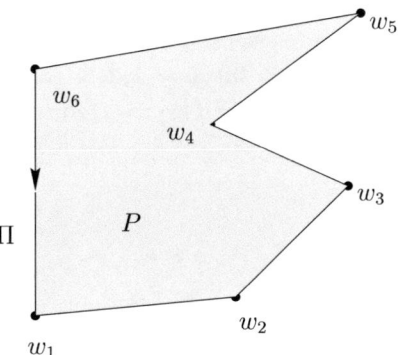

Satz 7.1 *Jede schlichte Abbildung f der oberen Halbebene H auf das Polygongebiet P ist stetig und bijektiv fortsetzbar auf dem Abschluß $\overline{H} \cup \{\infty\}$. Gilt $f(x_j) = w_j$, $j = 1, \ldots, n$, so wird das reelle Intervall $[x_j, x_{j+1}]$ streng monoton auf die Verbindungsstrecke $[w_j, w_{j+1}]$ abgebildet für $j = 1, \ldots, n-1$. Das „Intervall" $[x_n, +\infty] \cup [-\infty, x_1]$ wird streng monoton auf $[w_n, w_1]$ abgebildet, und es gilt $f(-\infty) = f(+\infty) = f(\infty) \in (w_n, w_1)$.*

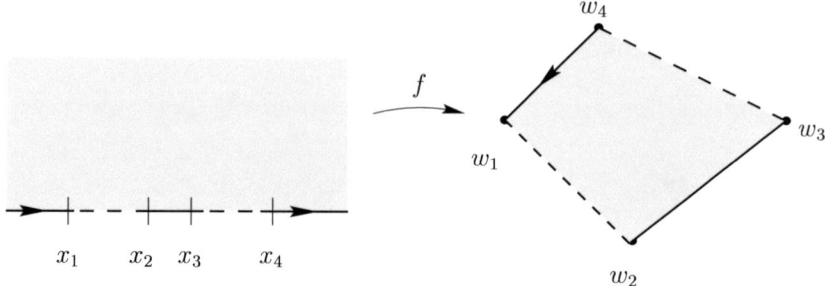

Beweisskizze:
1) Für die Stetigkeit und Bijektivität verweisen wir auf das Buch „Ausgewählte Kapitel der Funktionentheorie" von Fischer und Lieb.
2) Mit dem Spiegelungsprinzip für holomorphe Funktionen und der Injektivität von f auf $[x_j, x_{j+1}]$ zeigt man: $f'(x) \neq 0$ für alle $x \in \mathbb{R} \setminus \{x_1, \ldots, x_n\}$. Sei θ das Argument der Strecke $[w_j, w_{j+1}]$. Setze $g : (x_j, x_{j+1}) \to \mathbb{R}$, $g(x) := e^{-i\theta}(f(x) - w_j)$. Dann folgt $g'(x) \neq 0$, also g streng monoton wachsend (oder fallend) in (x_j, x_{j+1}). Wegen $w_j = f(x_j)$ und $w_{j+1} = f(x_{j+1})$ ist g wachsend und nicht fallend.

Bemerkung: Drei aufeinanderfolgende Urbildpunkte, z.B. $x_1 < x_2 < x_3$, dürfen beliebig *vorgeschrieben* werden: *Alle anderen x_j liegen dann fest!*

Nach dem Riemannschen Abbildungssatz und Satz 7.1 gibt es zunächst eine schlichte Funktion $\tilde{f} : H \to P$, $\tilde{f}(x'_j) = w_j$ mit gewissen $x'_1 < x'_2 < \ldots < x'_n$. Wähle nun eine Möbiustransformation T mit $T(x_j) = x'_j$ für $j = 1, 2, 3$. Dann gilt $T : H \to H$ wegen der Orientierungs- und der Kreistreue. Setze $f(z) := \tilde{f}(T(z))$. Dann gilt: $f(x_j) = \tilde{f}(x'_j) = w_j$ für $j = 1, 2, 3$, und alle $x_j = T^{-1}(x'_k)$ für $k = 4, \ldots, n$ liegen fest.

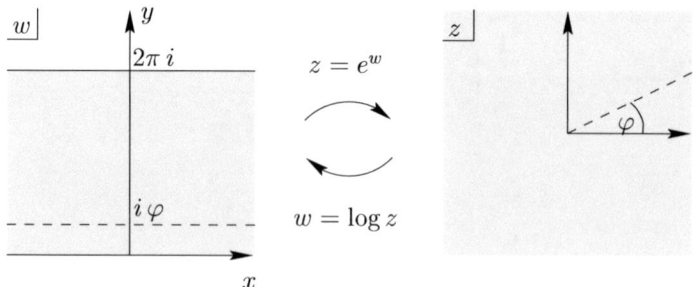

Erinnerung: Hauptzweig des Logarithmus :
$$\log z := \ln|z| + i \arg z \quad \text{mit } 0 \leq \arg z < 2\pi.$$

Kapitel 7. Die Schwarz-Christoffel-Formel _____ 69

Der Schlitz liegt dabei auf $\mathbb{R}^+$. Für ein $\alpha \in \mathbb{R}$ setze
$$w^\alpha := e^{\alpha \log w}.$$
Damit erhält man: $\log(w^\alpha) = \alpha \log w + 2k\pi i$. Außerdem gilt immer $|z^\alpha| = |z|^\alpha$.

Satz 7.2 (Schwarz-Christoffel-Formel I) *Sei $w = f(z)$ eine schlichte Abbildung von H auf das Polygongebiet P, so daß den reellen Zahlen $x_1 < x_2 < \ldots < x_n$ die Eckpunkte $w_1, w_2, \ldots, w_n$ entsprechen. (P liege dabei zur Linken des Polygonzuges $[w_1, w_2, \ldots, w_n, w_1]$). Ist $\alpha_k \pi$ der Innenwinkel an der Ecke w_k ($0 < \alpha_k < 2$, $k = 1, \ldots, n$), so gibt es eine Konstante $A \neq 0$ mit*
$$f'(z) = A \left(z - x_1\right)^{\alpha_1 - 1} \left(z - x_2\right)^{\alpha_2 - 1} \cdots \left(z - x_n\right)^{\alpha_n - 1} \quad (z \in H).$$

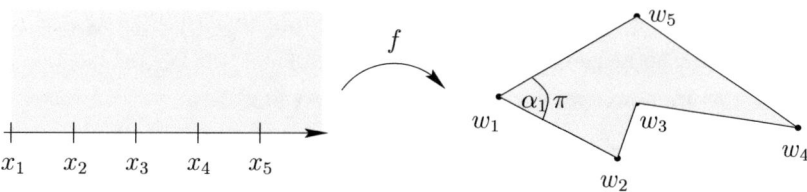

Beweisskizze: Nach Satz 7.1 gilt $f(x_j, x_{j+1}) = (w_j, w_{j+1})$ (streng monoton durchlaufen) und $f((x_n, +\infty] \cup [-\infty, x_1)) = (w_n, w_1)$. Also ist die „Steigung" von f auf (x_j, x_{j+1}) konstant: Setze $c_j := \arg(w_{j+1} - w_j)$ für $1 \leq j \leq n - 1$. Dabei ist, aus geometrischen Gründen, $-\pi < c_j < \pi$ zu wählen. Der Grund hierfür wird später ersichtlich. Für $x, x + \Delta x \in (x_j, x_{j+1})$ gilt dann:
$$\arg[f(x + \Delta x) - f(x)] = c_j.$$
Da $x + \Delta x - x = \Delta x > 0$ ist, folgt auch:
$$\arg \frac{f(x + \Delta x) - f(x)}{\Delta x} = c_j.$$
Läßt man nun Δx von oben gegen 0 streben, so findet man:
$$\arg f'(x) = c_j \quad (x \in (x_j, x_{j+1})).$$
Für $x \in (x_n, \infty) \cup (-\infty, x_1)$ folgt analog: $\arg f'(x) = c_n = \arg(w_1 - w_n)$. Da f schlicht ist, ist $f'(z) \neq 0$ für alle $z \in H$ und ebenso $f'(x) \neq 0$ für alle $x \in \mathbb{R} \setminus \{x_1, \ldots, x_n\}$ (siehe Beweisskizze von Satz 7.1). Also existiert eine in H holomorphe Funktion g mit
$$f'(z) = e^{g(z)} \quad (z \in H),$$

d.h. $g(z) = \log f'(z)$ (Vorsicht: dies ist eine gefährliche Schreibweise, da hier *nicht* immer der Hauptwert $\log f'(z)$ gemeint ist). Man erhält

$$\text{Im } g(z) = \text{Im } \{\log f'(z)\} = \arg f'(z) + c \quad (z \in H).$$

Betrachte nun die harmonische Funktion

$$\begin{aligned} V(x,y) &:= \text{Im } \{\log f'(x+iy)\} \quad (x+iy \in H) \\ &= \text{Im } g(x+iy) \end{aligned}$$

mit den Randwerten $V(x,0) = \text{Im } g(x) = \begin{cases} c_j + c, & x \in (x_j, x_{j+1}), \; j = 1, \ldots, n-1 \\ c_n + c, & x \in (x_n, \infty] \cup [-\infty, x_1). \end{cases}$

Die *Poisson'sche Integraldarstellung* für harmonische Funktionen und *Zusatzüberlegungen* ergeben ($z = x + iy$):

$$V(x,y) = c_n + c + \frac{c_n - c_1}{\pi} \arg(z - x_1) + \frac{c_1 - c_2}{\pi} \arg(z - x_2) + \ldots + \frac{c_{n-1} - c_n}{\pi} \arg(z - x_n).$$

($V(x,y)$ erfüllt alle Randbedingungen, aber die Funktion $V(x,y) + dy$, $d \in \mathbb{R}$ ebenso. Es ist nicht ganz einfach zu zeigen, daß $d = 0$ gelten muß.)

$V(x,y)$ ist also der Imaginärteil der in H holomorphen Funktion:

$$\begin{aligned} \Phi(z) &= c_n + c + \frac{c_n - c_1}{\pi} \log(z - x_1) + \ldots + \frac{c_{n-1} - c_n}{\pi} \log(z - x_n) \\ &= c_n + c + \log\left\{ (z-x_1)^{\frac{c_n-c_1}{\pi}} \cdot (z-x_2)^{\frac{c_1-c_2}{\pi}} \cdots (z-x_n)^{\frac{c_{n-1}-c_n}{\pi}} \right\} + 2k\pi i. \end{aligned}$$

Damit gilt $\text{Im } \{\log f'(z)\} = \text{Im } \Phi(z) + 2k\pi$ für $z \in H$. (Zunächst hängt k von z ab, ist jedoch *ganzzahlig* und stetig als Funktion von z. Da H zusammenhängend ist, muß k eine Konstante sein.)

Aus den Cauchy-Riemannschen Differentialgleichungen folgt dann:

$$\log f'(z) = \Phi(z) + \text{const.} \quad (z \in H),$$

d.h.

$$f'(z) = A (z - x_1)^{\beta_1} \cdot (z - x_2)^{\beta_2} \cdots (z - x_n)^{\beta_n}$$

mit $\beta_j := \dfrac{c_{j-1} - c_j}{\pi}$ für $j = 2, \ldots, n$ und $\beta_1 := \frac{c_n - c_1}{\pi}$.

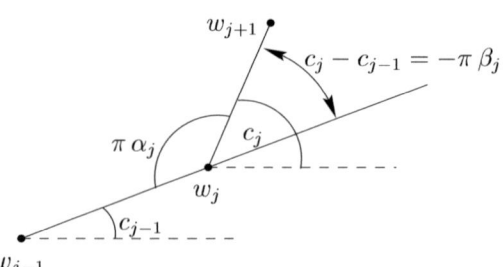

Kapitel 7. Die Schwarz-Christoffel-Formel

Nun fehlt noch die *Interpretation von β_j*. Es gilt:
$$c_j - c_{j-1} = -\pi\beta_j.$$
$\pi\beta_j$ ist der Außenwinkel an der Ecke w_j zwischen der Geraden durch w_{j-1} und w_j und der Geraden durch w_j und w_{j+1}. Außerdem erhält man (s. Skizze) $\pi\alpha_j + (-\pi\beta_j) = \pi$, also
$$\beta_j = \alpha_j - 1.$$
Dies gilt auch für β_1, was man am einfachsten sieht, indem man $w_{n+1} := w_1$ setzt, und die obige Überlegung benutzt. Damit diese Überlegungen auch im Fall eines nicht konvexen Polygons richtig bleiben, müssen die c_j, wie anfangs erwähnt, aus dem Intervall $(-\pi, \pi)$ gewählt werden. Nur dann kann man mit negativen Winkeln argumentieren.
Damit lautet unser Ergebnis:
$$f'(z) = A\,(z-x_1)^{\alpha_1-1}\,(z-x_2)^{\alpha_2-1}\cdots(z-x_n)^{\alpha_n-1}.$$

Zur Brauchbarkeit der Schwarz-Christoffel-Formel I:
Durch Integration folgt:
$$f(z) = A\int_{z_0}^{z}(t-x_1)^{\alpha_1-1}\cdots(t-x_n)^{\alpha_n-1}\,dt + B.$$
Dabei ist die Integration entlang eines z_0 und z verbindenden Weges in H zu nehmen.
Problem bei der Auswertung: Nicht alle Urbilder der Ecken sind explizit bekannt!
Zwar kann $x_1 < x_2 < x_3$ und $f(x_1) = w_1$, $f(x_2) = w_2$, $f(x_3) = w_3$ gefordert werden, aber dann liegen *alle* anderen Urbilder fest, sind jedoch *unbekannt*!
„Ausweg": „Bestimmung" von $x_4, \ldots, x_n$ durch folgendes Verfahren: Nach Satz 7.1 wird (x_j, x_{j+1}) für $j = 1, \ldots, n-1$ durch $f(x)$ streng monoton und stetig differenzierbar auf (w_j, w_{j+1}) abgebildet. Für die Länge l_j der „Bildkurve" $f(x_j, x_{j+1}) = (w_j, w_{j+1})$ folgt dann
$$l_j = \int_{x_j}^{x_{j+1}} |f'(x)|\,dx.$$
Andererseits gilt natürlich $l_j = |w_{j+1} - w_j|$, d.h. die Urbilder erfüllen die folgenden $n-1$ Gleichungen:
$$\underbrace{|w_{j+1} - w_j|}_{\text{bekannt}} = |A|\int_{x_j}^{x_{j+1}}|t-x_1|^{\alpha_1-1}\cdots|t-x_n|^{\alpha_n-1}\,dt \quad (j=1,\ldots,n-1).$$

Übung: Wie lautet die Formel für $|w_1 - w_n|$?
Da es genau ein schlichtes f gibt, wenn man $x_1 < x_2 < x_3$ vorgibt, lassen sich die Gleichungen stets lösen, i.a. aber nur durch Näherungsverfahren.

Kapitel 8

Modifikation der Schwarz-Christoffel-Formel

Diesen Abschnitt möchten wir mit einem Beispiel beginnen, für das $x_n = \infty$ gilt. Wir gehen dafür von einer bekannten Abbildung $g : H \to P$ der oberen Halbebene auf das Polygongebiet P aus, die die Punkte $x_1' < x_2' < \ldots < x_{n-1}' < x_n'$ auf die Eckpunkte $w_1, w_2, \ldots w_n$ abbildet. Wir wählen uns die Möbiustransformation $T : H \to H$, $T(z) := -\frac{1}{z} + x_n'$. Für die $x_j := -\frac{1}{x_j' - x_n'}$ gilt $T(x_j) = x_j'$ und außerdem $x_1 < x_2 < \ldots < x_{n-1} < x_n = \infty$. Für die schlichte Abbildung $f : H \to P$, $f(z) := g(T(z))$ gilt dann $f(x_j) = w_j$ für $j = 1, 2 \ldots, n-1$ und $f(\infty) = w_n$. Es gibt also eine schlichte Abbildung f mit einer Urbildecke $x_n = \infty$.

Satz 8.1 (Schwarz-Christoffel-Formel II) *Es sei $w = f(z)$ die schlichte Abbildung von H auf das Polygongebiet P, so daß den reellen Zahlen $x_1 < x_2 < \ldots < x_{n-1}$ die Eckpunkte $w_1, \ldots, w_{n-1}$ und dem Punkt $x_n = \infty$ der Eckpunkt w_n entspricht. Dann gilt mit einer Konstante $A \neq 0$*

$$f'(z) = A \, (z - x_1)^{\alpha_1 - 1} \, (z - x_2)^{\alpha_2 - 1} \cdots (z - x_{n-1})^{\alpha_{n-1} - 1} \quad (z \in H).$$

Bemerkung: Formal wird der Faktor $(z - x_n)^{\alpha_n - 1}$ in der Schwarz-Christoffel-Formel I weggelassen. Dennoch ist dies *nicht* die Abbildungsfunktion eines Polygons mit $n-1$ Ecken. Denn für die *Winkelsumme* eines Jordanpolygons mit n Ecken gilt stets:

$$\alpha_1 \pi + \alpha_2 \pi + \ldots + \alpha_n \pi = (n - 2) \pi.$$

(Beweis durch vollständige Induktion.)

Beweis von Satz 8.1:
Zunächst sorgt die Transformation $z \mapsto z - a$ mit einem $a < x_1$ dafür, daß für alle $j = 1, 2, \ldots, n-1$ gilt: $x_j > 0$. Als nächstes betrachten wir die Transformation $S(z) := -\frac{1}{z}$ und definieren $x_j' := S(x_j) = -\frac{1}{x_j}$ für $j = 1, \ldots, n-1$. Nun gilt $S(x_j') = x_j$ sowie

$$x_1' < x_2' < \ldots < x_{n-1}' < 0 = S(\infty) =: x_n'.$$

Für die schlichte Abbildung $g: H \to P$, $g(z) := f(S(z))$ mit $g(x'_j) = w_j$ für $j = 1, \ldots, n$ gilt dann nach Satz 7.2:

$$g'(\zeta) = A_1 \prod_{j=1}^{n} (\zeta - x'_j)^{\alpha_j - 1} \quad (\zeta \in H).$$

Es folgt $f(z) = g(S(z))$. Die Kettenregel liefert dann:

$$\begin{aligned} f'(z) &= g'(S(z)) \cdot S'(z) \\ &= A_1 \left(\prod_{j=1}^{n} (S(z) - x'_j)^{\alpha_j - 1} \right) \cdot \frac{1}{z^2}. \end{aligned}$$

Mit $S(z) - x'_j = \begin{cases} -\frac{1}{z} - (-\frac{1}{x_j}) = -\frac{1}{z} + \frac{1}{x_j}, & j = 1, \ldots, n-1 \\ -\frac{1}{z}, & j = n \end{cases}$ folgt:

$$f'(z) = A_1 \left(\prod_{j=1}^{n-1} \left(-\frac{1}{z} + \frac{1}{x_j}\right)^{\alpha_j - 1} \right) \left(-\frac{1}{z}\right)^{\alpha_n - 1} \cdot \frac{1}{z^2}.$$

Aus

$$-\frac{1}{z} + \frac{1}{x_j} = \frac{z - x_j}{z\,x_j}$$

folgt für den Hauptzweig des Logarithmus:

$$\begin{aligned} \log \frac{z - x_j}{z x_j} &= \log(z - x_j) - \log(zx_j) + 2k\pi i \\ &= \log(z - x_j) - \log z - \log x_j, \end{aligned}$$

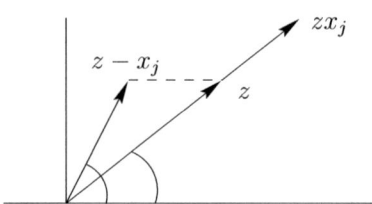

denn es gilt wegen $\operatorname{Im} z \geq 0$, $x_j > 0$: $0 \leq \arg(z - x_j) - \arg(zx_j) \leq \pi$, sowie $0 \leq \arg \frac{z-x_j}{zx_j} = \arg\left(-\frac{1}{z} + \frac{1}{x_j}\right) \leq \pi$. Also muß $k = 0$ sein. Somit erhält man:

$$\left(-\frac{1}{z} + \frac{1}{x_j}\right)^{\alpha_j - 1} = \frac{1}{x_j^{\alpha_j - 1}} \frac{(z - x_j)^{\alpha_j - 1}}{z^{\alpha_j - 1}}.$$

Kapitel 8. Modifikation der Schwarz-Christoffel-Formel

Damit ergibt sich:

$$f'(z) = A_1 \prod_{j=1}^{n-1} x_j^{-(\alpha_j-1)} \cdot \left(\prod_{j=1}^{n-1} (z-x_j)^{\alpha_j-1} \right) \cdot \prod_{j=1}^{n-1} z^{-(\alpha_j-1)} \cdot \left(-\frac{1}{z}\right)^{\alpha_n-1} \cdot \frac{1}{z^2}$$

$$= A_2 \prod_{j=1}^{n-1} (z-x_j)^{\alpha_j-1} \cdot \frac{1}{z^{\alpha_1+\ldots+\alpha_n-n+2}}$$

mit der Konstanten $A_2 := A_1 \cdot (-1)^{\alpha_n-1} \cdot \prod_{j=1}^{n-1} x_j^{-(\alpha_j-1)}$. Dabei wurde noch $\left(-\frac{1}{z}\right)^{\alpha_n-1}$
$= (-1)^{\alpha_n-1} \cdot \frac{1}{z^{\alpha_n-1}}$ für $z \in H$ benutzt (kleine Übung). Mit der bereits erwähnten Beziehung
$\alpha_1 \pi + \ldots + \alpha_n \pi = (n-2)\pi$ erhalten wir das gewünschte Ergebnis:

$$f'(z) = A \prod_{j=1}^{n-1} (z-x_j)^{\alpha_j-1}.$$

Bemerkung: Berechnung von w^α für reelle w:
1) $w > 0$: Wegen $\arg w = 0$ folgt $\log w = \ln w$, bzw. $w^\alpha = e^{\alpha \ln w}$, also die übliche Definition der Potenz.
2) $w < 0$: Wegen $\arg w = \pi$ folgt $\log w = \ln |w| + i\pi$, bzw. $w^\alpha = e^{\alpha \ln |w| + i\pi\alpha} = e^{i\pi\alpha} |w|^\alpha$. Für negative w gilt also $w^\alpha = e^{i\pi\alpha} |w|^\alpha$.

Beispiel: *Dreiecksabbildung*

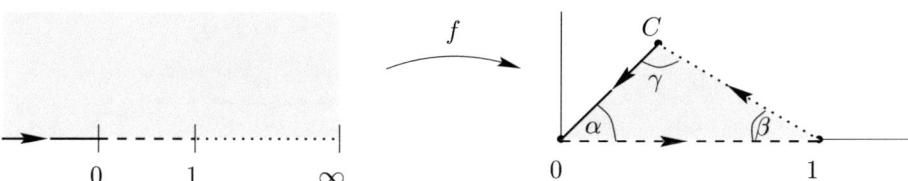

Drei Urbilder von Ecken können wir frei wählen, z.B. als $x_1 = 0$, $x_2 = 1$ und $x_3 = \infty$.

x_j	0	1	∞
w_j	0	1	C
α_j	α/π	β/π	γ/π

Die Schwarz-Christoffel-Formel II lautet für diesen Fall:

$$f'(z) = A\, z^{\frac{\alpha}{\pi}-1} (z-1)^{\frac{\beta}{\pi}-1},$$

d.h.

$$f(\zeta) - f(\zeta_0) = A \int_{\zeta_0}^{\zeta} z^{\frac{\alpha}{\pi}-1} (z-1)^{\frac{\beta}{\pi}-1}\, dz.$$

Da f stetig in $\overline{H}$ ist, können wir $\zeta_0 = 0$ wählen, und wegen $f(0) = 0$ erhalten wir:

$$f(\zeta) = A \int_0^\zeta z^{\frac{\alpha}{\pi}-1} (z-1)^{\frac{\beta}{\pi}-1} \, dz, \quad \zeta \in \overline{H}.$$

Bestimmung von A: Nach Satz 7.1 ist f holomorph und bijektiv auf $(0,1)$. Für die Länge der „Bildkurve" $\{f(x) | 0 \le x \le 1\} = [0,1]$ gilt dann $L = \int_0^1 |f'(x)| \, dx$, also

$$\begin{aligned}
1 &= |A| \int_0^1 \left| x^{\frac{\alpha}{\pi}-1} (x-1)^{\frac{\beta}{\pi}-1} \right| dx \\
&= |A| \int_0^1 |x|^{\frac{\alpha}{\pi}-1} |x-1|^{\frac{\beta}{\pi}-1} \, dx \\
&= |A| \int_0^1 x^{\frac{\alpha}{\pi}-1} (1-x)^{\frac{\beta}{\pi}-1} \, dx \\
&= |A| \frac{\Gamma\left(\frac{\alpha}{\pi}\right) \cdot \Gamma\left(\frac{\beta}{\pi}\right)}{\Gamma\left(\frac{\alpha+\beta}{\pi}\right)} \quad \text{(Formelsammlung)},
\end{aligned}$$

d.h. $|A| = \dfrac{\Gamma\left(\frac{\alpha+\beta}{\pi}\right)}{\Gamma\left(\frac{\alpha}{\pi}\right) \cdot \Gamma\left(\frac{\beta}{\pi}\right)}$. Für $0 < x < 1$ ist $f(x)$ streng monoton wachsend, und mit der obigen Regel für die Potenz bei negativen w folgt:

$$\begin{aligned}
f'(x) &= A \, x^{\frac{\alpha}{\pi}-1} (x-1)^{\frac{\beta}{\pi}-1} \\
&= A \, x^{\frac{\alpha}{\pi}-1} (1-x)^{\frac{\beta}{\pi}-1} e^{i\pi\left(\frac{\beta}{\pi}-1\right)},
\end{aligned}$$

d.h. $\underbrace{f'(x)}_{>0} = A \, e^{i\beta} \, e^{-i\pi} \, \underbrace{x^{\frac{\alpha}{\pi}-1}}_{>0} \, \underbrace{(1-x)^{\frac{\beta}{\pi}-1}}_{>0}$

Also ist $-e^{i\beta} A > 0$. Damit ist $-e^{i\beta} A$ reell und positiv, somit $-e^{i\beta} A = 1 \cdot |A|$. Endergebnis:

$$A = -e^{-i\beta} \cdot \frac{\Gamma\left(\frac{\alpha+\beta}{\pi}\right)}{\Gamma\left(\frac{\alpha}{\pi}\right) \cdot \Gamma\left(\frac{\beta}{\pi}\right)}.$$

Kapitel 9

Die Schwarz-Christoffel-Formel bei Ecken im Unendlichen

Es sind natürlich auch viele Situationen denkbar, bei denen eine Ecke des Polygonzuges im „Unendlichen" liegt, hier ein

Beispiel

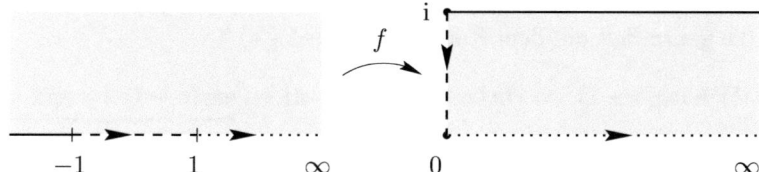

Gesucht wird eine schlichte Funktion $f : H \to G$, die die obere Halbebene auf den halbunendlichen Streifen zwischen 0 und i abbildet.

Das Problem ist, daß hier die Schwarz-Christoffel-Formeln I und II nicht anwendbar sind. Um das zu umgehen, wenden wir den folgenden Trick an: Wir approximieren einfach das Gebiet durch endliche Polygone (s. Skizze).

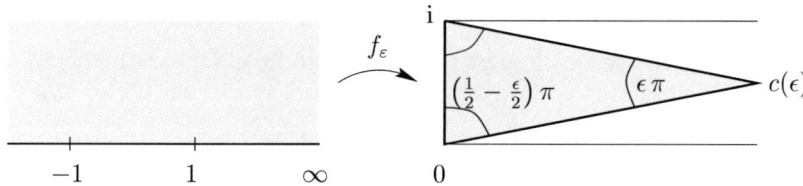

x_j	-1	1	∞
w_j	i	0	$c = c(\varepsilon)$
α_j	$\frac{1}{2} - \frac{\varepsilon}{2}$	$\frac{1}{2} - \frac{\varepsilon}{2}$	ε

Wir erhalten $f'_\varepsilon(z) = A_\varepsilon (z+1)^{-\frac{1}{2}-\frac{\varepsilon}{2}} (z-1)^{-\frac{1}{2}-\frac{\varepsilon}{2}}$ für $z \in H$. Für $\varepsilon \to 0$ ist plausibel, daß $f_\varepsilon(z)$ in H lokal gleichmäßig gegen $f(z)$ strebt, und damit nach dem Satz von Weierstraß auch $f'_\varepsilon(z) \to f'(z)$ gilt. Dies ist tatsächlich der Fall, allerdings verzichten wir auf den doch recht schwierigen Beweis.

Es gilt
$$1 = |i - 0| = |A_\varepsilon| \int_{-1}^{1} |x+1|^{-\frac{1}{2}-\frac{\varepsilon}{2}} |x-1|^{-\frac{1}{2}-\frac{\varepsilon}{2}} \, dx.$$

Da das Integral für $\varepsilon \to 0$ existiert und von Null verschieden ist, ist $|A_\varepsilon|$ beschränkt. Somit können wir uns eine konvergente Teilfolge (A_{ε_n}) wählen mit $A_{\varepsilon_n} \to A_0$. Damit erhalten wir:
$$f'(z) = \lim_{n \to \infty} f'_{\varepsilon_n}(z) = A_0 (z+1)^{-\frac{1}{2}} (z-1)^{-\frac{1}{2}}.$$

Es folgt eine Nebenrechnung, um zu sehen, daß $(z+1)^{-\frac{1}{2}} (z-1)^{-\frac{1}{2}} = (z^2-1)^{-\frac{1}{2}}$ für $z \in H$ gilt. Dabei ist zu beachten, daß $0 < \arg z < \pi$ gilt für alle $z \in H$, und somit auch (wir befinden uns die ganze Zeit auf dem Hauptzweig von $\log z$)

$$\begin{aligned}
\log(z+1) + \log(z-1) &= \ln|z+1| + \ln|z-1| + i\underbrace{[\arg(z+1) + \arg(z-1)]}_{\in (0, 2\pi)} \\
&= \ln|z^2 - 1| + i \arg(z^2 - 1) \\
&= \log(z^2 - 1).
\end{aligned}$$

Also haben wir
$$\begin{aligned}
(z+1)^{-\frac{1}{2}} (z-1)^{-\frac{1}{2}} &= \exp\left\{-\frac{1}{2}\log(z-1) - \frac{1}{2}\log(z-1)\right\} \\
&= \exp\left\{-\frac{1}{2}\log(z^2 - 1)\right\} \\
&= (z^2 - 1)^{-\frac{1}{2}}.
\end{aligned}$$

Wahrscheinlich hält fast jeder Physiker oder Ingenieur diese Nebenrechnung für überflüssig, aber die Doppeldeutigkeit der Wurzel im Komplexen macht sie nötig. Das Endergebnis lautet:
$$f'(z) = A (z^2 - 1)^{-\frac{1}{2}}$$

Übung: Berechne A sowie die Umkehrfunktion $f^{-1}(w)$.

Kapitel 9. Die Schwarz-Christoffel-Formel bei Ecken im Unendlichen 79

Satz 9.1 (Schwarz-Christoffel-Formel III) *Es sei $w = f(z)$ die schlichte Abbildung von H auf das einfach zusammenhängende Polygongebiet P mit den Ecken $w_1, w_2, \ldots, w_n \in \widehat{\mathbb{C}}$ und den Innenwinkeln $\alpha_1 \pi, \ldots, \alpha_n \pi$. Dabei entsprechen den reellen Zahlen $x_1 < x_2 < \ldots < x_n$ die Ecken $w_1, w_1, \ldots, w_n$. Dann existiert eine Konstante $A \neq 0$, so daß gilt:*

$$f'(z) = A (z - x_1)^{\alpha_1 - 1} (z - x_2)^{\alpha_2 - 1} \cdots (z - x_n)^{\alpha_n - 1}.$$

Im Falle $x_n = \infty$ entfällt der entsprechende Term!
Im Falle $w_k = \infty$ gilt dabei die folgende Konvention:

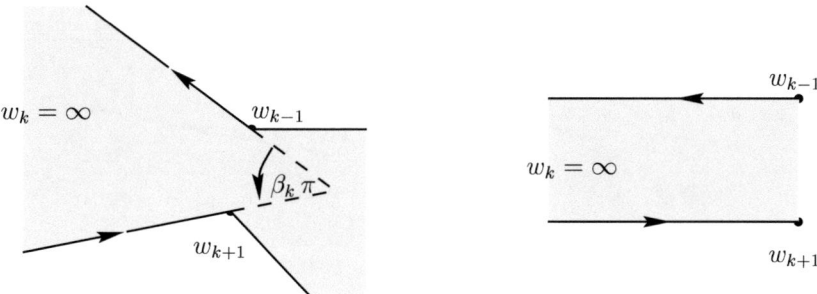

Fall 1: $\alpha_k := -\beta_k$ Fall 2: $\alpha_k := 0$

Bemerkung: Mit dieser Konvention gilt stets $\alpha_1 + \ldots + \alpha_n = n - 2$.
Dies sieht man im ersten Fall wie folgt:

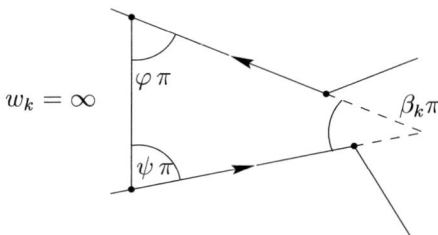

Das Abschneiden der Ecke $w_k = \infty$ eines n-Ecks ergibt ein $(n+1)$-Eck. Aus der Skizze ersieht man:

$$\sum_{j \neq k} \alpha_j \pi + \underbrace{(\varphi + \psi) \pi}_{(1 - \beta_k) \pi} = (n + 1 - 2) \pi$$

$$\Leftrightarrow \sum_{j \neq k} \alpha_j \underbrace{- \beta_k}_{= +\alpha_k} = n - 2.$$

Für den zweiten Fall betrachtet man bei Fall 1 den Grenzübergang $\beta_k \to 0$.

Nun der **Beweis** von Satz 9.1:

a) $0 < \beta_k < 1$:

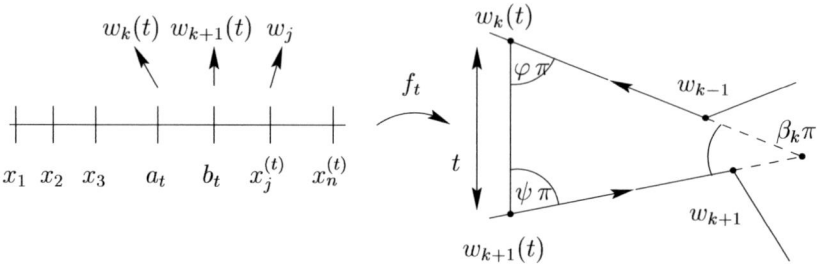

Für $t \to \infty$ ergibt sich (nach dem Konvergenzsatz von Carathéodory): $f_t \to f$, $f'_t \to f'$, $a_t, b_t \to x_k$, $x_j^{(t)} \to x_j$ für $j \neq k$ und $A_t \to A$.

$$f'_t(z) = A_t \, (z - x_1)^{\alpha_1 - 1} \cdots (z - a_t)^{\varphi - 1} \, (z - b_t)^{\psi - 1} \cdots (z - x_n^{(t)})^{\alpha_n - 1}$$
$$\downarrow$$
$$f'(z) = A \, (z - x_1)^{\alpha_1 - 1} \cdots (z - x_k)^{(\varphi + \psi - 1) - 1} \cdots (z - x_n)^{\alpha_n - 1}$$

Bemerkung: $(z - x_k)^{\varphi - 1}(z - x_k)^{\psi - 1} = (z - x_k)^{\varphi + \psi - 2}$ gilt für alle $z \in H$ (Übung). Also gilt die Behauptung, falls $\alpha_k = \varphi + \psi - 1$ gesetzt wird. Außerdem gilt $\varphi \pi + \psi \pi + \beta_k \pi = \pi$ und damit

$$\alpha_k = \varphi + \psi - 1 = -\beta_k.$$

b) $\beta_k = 1$: Diesen Fall erledigt man mit a) durch Grenzübergang.

c) $\beta_k > 1$:
Aus der Winkelsumme im Viereck $\frac{\pi}{2} + \frac{\pi}{2} + \gamma \pi + (2\pi - \beta_k \pi) = 2\pi$ erhalten wir:

$$\gamma \pi = (\beta_k - 1) \, \pi.$$

Kapitel 9. Die Schwarz-Christoffel-Formel bei Ecken im Unendlichen

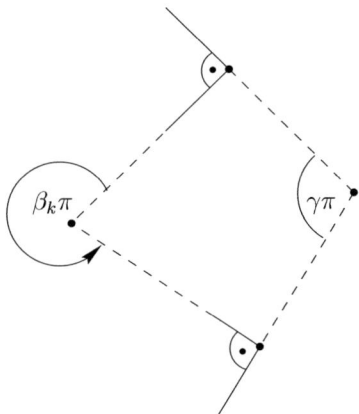

Der Winkel der Gegenecke des approximierten Polygons ist also $\gamma\pi = (\beta_k - 1)\pi$. Wir erhalten nach Fall a):

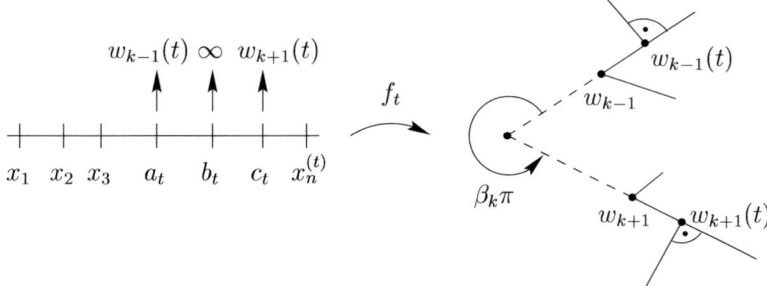

Dann ist wieder analog zu a): $a_t, b_t, c_t \to x_k$ und $x_j^{(t)} \to x_j$ für $j \neq k$, sowie

$$f'_t(z) = A_t (z-x_1)^{\alpha_1-1} \cdots (z-a_t)^{\frac{1}{2}-1} (z-b_t)^{-\gamma-1} (z-c_t)^{\frac{1}{2}-1} \cdots (z-x_n^{(t)})^{\alpha_n-1}$$
$$\downarrow$$
$$f'(z) = A (z-x_1)^{\alpha_1-1} \cdots (z-x_k)^{(-\gamma-1)-1} \cdots (z-x_n)^{\alpha_n-1}.$$

(Es gilt:

$$\begin{aligned}(z-x_k)^{\frac{1}{2}-1} (z-x_k)^{-\gamma-1} (z-x_k)^{\frac{1}{2}-1} &= \exp\{(-1-\gamma-1)\log(z-x_k)\} \\ &= (z-x_k)^{-\gamma-2}.)\end{aligned}$$

Wegen $\gamma = \beta_k - 1$ bzw. $-\gamma - 1 = -\beta_k$ folgt die Behauptung.

d) $\beta_k = 0$:
Man erhält diesen Fall durch Grenzübergang $\beta_k \to 0$ in Fall a).
Berücksichtigt man $\alpha_1 + \ldots + \alpha_n = n - 2$, so kann man wieder $x_n = \infty$ wählen, siehe
Herleitung von Schwarz-Christoffel-Formel II.
Beispiel

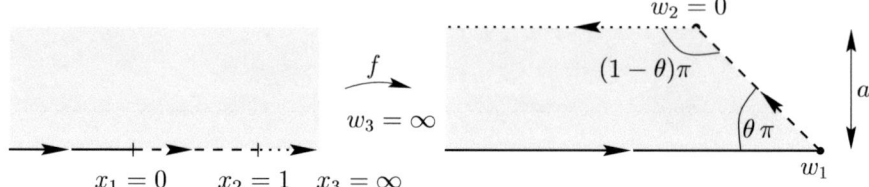

Für die Abbildungsfunktion für das skizzierte Dreieck geben wir folgende Punkte vor:

x_j	0	1	∞
w_j	w_1	0	∞
α_j	θ	$1-\theta$	0

Damit gilt $f'(z) = A\, z^{\theta-1}\, (z-1)^{-\theta}$.

Bestimmung von A: Dafür nutzen wir wieder die Beziehung

$$l_1 := |w_2 - w_1| = |w_1| = \int_0^1 |f'(x)|\, dx.$$

Aus der Geometrie ergibt sich:

$$\frac{a}{|w_1|} = \sin(\theta\pi), \text{ d.h. } |w_1| = \frac{a}{\sin(\theta\pi)}.$$

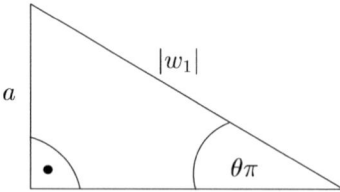

Das Integral kann man wie folgt ausrechnen:

$$\int_0^1 |f'(x)|\, dx = |A| \int_0^1 x^{\theta-1} |x-1|^{-\theta}\, dx$$

$$= |A| \int_0^1 x^{\theta-1}(1-x)^{-\theta}\,dx$$
$$= |A| \frac{\pi}{\sin(\theta\pi)}.$$

Das letzte Integral findet man z.B. in der Formelsammlung von Bronstein, in der Vorlesung HM III oder in diesem Skript in Kapitel 10, Beispiel 2. Durch Gleichsetzen erhalten wir für $|A|$:

$$\frac{a}{\sin(\theta\pi)} = |A|\frac{\pi}{\sin(\theta\pi)}, \text{ d.h. } |A| = \frac{a}{\pi}.$$

Für $x > x_2 = 1$ gilt $f(x) \in \mathbb{R}$ und $f'(x) < 0$, da f monoton fallend und $f'(x) \neq 0$ ist (s. Skizze). Daraus folgt:

$$\underbrace{f'(x)}_{<0} = A\,\underbrace{x^{\theta-1}}_{>0}\,\underbrace{(x-1)^{-\theta}}_{>0}, \text{ d.h. } \underbrace{\arg f'(x)}_{=\pi} = \arg A,$$

somit $A = e^{i\pi}|A| = -\frac{a}{\pi}$.

In der oberen Halbebene H gilt zunächst für den Hauptzweig des Logarithmus $\log\frac{z-1}{z} = \log(z-1) - \log z$ und somit $(\theta-1)\log z - \theta\log(z-1) = -\log z - \theta[\log(z-1) - \log z] = -\log z - \theta\log\frac{z-1}{z}$. (Beachte die folgende Skizze!)

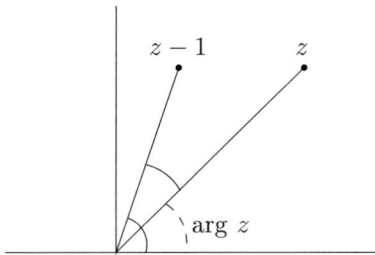

Damit lautet unser Ergebnis:

$$f'(z) = -\frac{a}{\pi}\frac{1}{z}\left(\frac{z-1}{z}\right)^{-\theta} \quad (z \in H)$$

oder

$$f(\zeta) = -\frac{a}{\pi}\int_1^\zeta \frac{dz}{z\left(\frac{z-1}{z}\right)^\theta}.$$

Die Integration ist möglich für *rationale* Zahlen $\theta = \frac{p}{q}$ mit $0 < p < q$. Wir *substituieren*:

$$t := \left(\frac{z-1}{z}\right)^{\frac{1}{q}},$$

d.h. $1 - \frac{1}{z} = t^q$, also

$$z = \frac{1}{1-t^q}, \text{ bzw. } dz = q \frac{t^{q-1}}{(1-t^q)^2} dt$$

Mit $\tau := t(\zeta) = \left(\frac{\zeta-1}{\zeta}\right)^{\frac{1}{q}}$ gilt dann wegen $\theta = \frac{p}{q}$:

$$-\frac{a}{\pi} \int_1^\zeta \frac{dz}{z\left(\frac{z-1}{z}\right)^\theta} = -\frac{a}{\pi} \int_0^\tau (1-t^q) \frac{1}{t^p} q \frac{t^{q-1}}{(1-t^q)^2} dt = \frac{a}{\pi} q \int_0^\tau \frac{t^{q-p-1}}{t^q - 1} dt.$$

Wir bestimmen die Stammfunktion in der t-Ebene. Mit t_k bezeichnen wir die q-ten Einheitswurzeln: $t_k := e^{\frac{2k}{q}\pi i}$, $k = 0, 1, \ldots, q-1$. Die Partialbruchzerlegung liefert dann:

$$\frac{t^{q-p-1}}{t^q - 1} = \sum_{k=0}^{q-1} a_{-1}^{(k)} \frac{1}{t - t_k}$$

$$= \frac{1}{q} \sum_{k=0}^{q-1} \frac{1}{t_k^p} \frac{1}{t - t_k}.$$

Dabei bezeichnet $a_{-1}^{(k)}$ das Residuum des Integranden an der einfachen Polstelle t_k, also

$$a_{-1}^{(k)} = \left.\frac{t^{q-p-1}}{qt^{q-1}}\right|_{t=t_k} = \frac{1}{qt_k^p}.$$

Wir erhalten:

$$f(\zeta) = \frac{a}{\pi} \sum_{k=0}^{q-1} \frac{1}{t_k^p} \int_0^{\tau(\zeta)} \frac{dt}{t - t_k}.$$

Es gilt:

$$\int \frac{dt}{t - t_k} = \log(t - t_k) + \text{const.}$$

$$= \log\left(1 - \frac{t}{t_k}\right) + c,$$

also $\int_0^\tau \frac{dt}{t - t_k} = \log\left(1 - \frac{\tau}{t_k}\right).$

Für die letzte Zeile wählen wir den passenden Schlitz, um $\log 1 = 0$ zu haben.
Ergebnis für $\theta = \frac{p}{q}$, $0 < p < q$:

$$f(z) = \frac{a}{\pi} \sum_{k=0}^{q-1} \frac{1}{t_k^p} \log\left[1 - \frac{1}{t_k}\left(\frac{z-1}{z}\right)^{\frac{1}{q}}\right].$$

Kapitel 9. Die Schwarz-Christoffel-Formel bei Ecken im Unendlichen

Die Probe hierfür mittels der Ränderzuordnung erfolgt am einfachsten in der t-Ebene. Dabei ist zu beachten, daß $\frac{z-1}{z}$ stets in der oberen Halbebene H verläuft. Reelle Werte x für z sind als Grenzübergang $z \to x$, $z \in H$ anzusehen.

Beispiel: $\theta = \frac{1}{3}$, d.h. $p = 1$, $q = 3$.

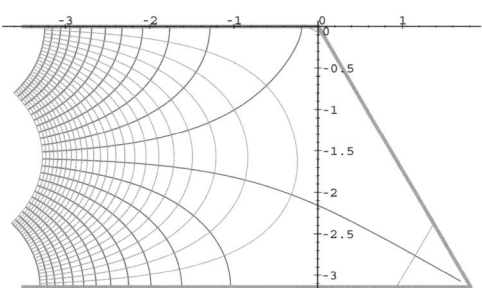

Abbildung 9.1: Strömung durch den Kanal mit $\theta = \frac{1}{3}$

Man beachte, daß f die Abbildung von H auf das Dreieck ist und daß damit f^{-1} das komplexe Potential der Strömung ist.

Kapitel 10

Konstantenbestimmung über Residuen

Häufig treten Ecken im Unendlichen mit dem Innenwinkel $\alpha_k = 0$ auf. Die Schwarz-Christoffel-Formel III lautet dann:

$$f'(z) = A\,(z - x_1)^{\alpha_1 - 1} \cdots (z - x_k)^{-1} \cdots (z - x_n)^{\alpha_n - 1},$$
$$\text{d.h.}\quad \log f'(z) = \log A + (\alpha_1 - 1)\log(z - x_1) + \ldots - \log(z - x_k) +$$
$$\ldots + (\alpha_n - 1)\log(z - x_n) + 2k\pi i.$$

Dabei ist zu beachten, daß die zweite Formel immer nur lokal gilt. Man erhält daraus:

$$\frac{f''(z)}{f'(z)} = (\log f'(z))'$$
$$= (\alpha_1 - 1)\frac{1}{z - x_1} + \ldots - \frac{1}{z - x_k} + \ldots + (\alpha_n - 1)\frac{1}{z - x_n}$$
$$=: -\frac{1}{z - x_k} + h(z).$$

h ist holomorph in einem einfach zusammenhängendem Gebiet G um x_k (s. Skizze).

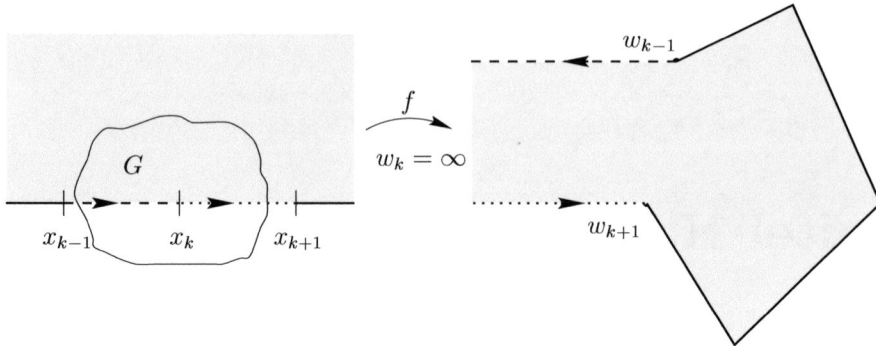

Deshalb können wir die Gleichung integrieren und erhalten in $G \cap H$:

$$\log f'(z) + \log(z - x_k) - c = \int_{x_k}^{z} h(t)\,dt,$$

d.h. $\quad \log f'(z) = -\log(z - x_k) + \int_{x_k}^{z} h(t)\,dt + c,$

also $f'(z) = \dfrac{1}{z - x_k} \cdot \exp\left\{ \int_{x_k}^{z} h(t)\,dt + c \right\} =: \dfrac{1}{z - x_k} H(z)$. Diese Funktion H ist holomorph in G. Damit haben wir den folgenden Satz bewiesen:

Satz 10.1 *Sei f die schlichte Abbildung von H auf das Polygon P. Dann gilt: f' hat einen Pol erster Ordnung in x_k, falls $k < n$ und $\alpha_k = 0$ gegeben ist.*

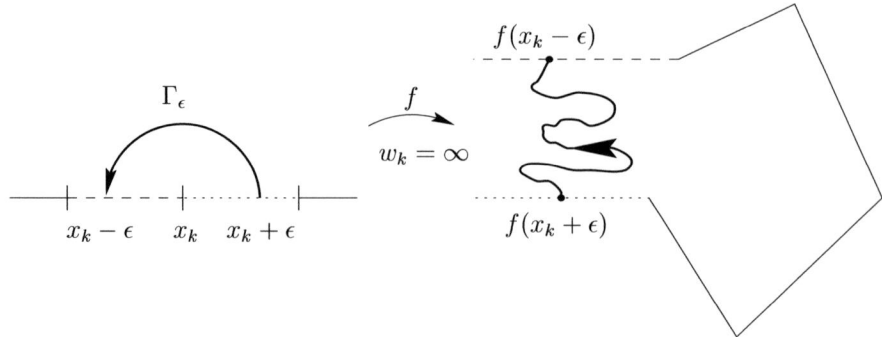

Nun wollen wir $\int_{\Gamma_\varepsilon} f'(z)\,dz$ berechnen. Da f Stammfunktion zu f' ist, gilt:

$$\int_{\Gamma_\varepsilon} f'(z)\,dz = f(x_k - \varepsilon) - f(x_k + \varepsilon).$$

Kapitel 10. Konstantenbestimmung über Residuen _____ 89

Ebenso gilt nach Satz 10.1
$$f'(z) = \frac{a_{-1}}{z - x_k} + g(z)$$
mit einer nahe x_k holomorphen Funktion g; a_{-1} ist das Residuum an der Stelle x_k. Damit erhalten wir:

$$\begin{aligned}
\int_{\Gamma_\varepsilon} f'(z)\,dz &= \int_0^\pi f'(x_k + \varepsilon\,e^{it}) \underbrace{i\varepsilon\,e^{it}\,dt}_{dz} \\
&= \int_0^\pi \left(\frac{a_{-1}}{\varepsilon\,e^{it}} i\varepsilon\,e^{it} + g(x_k + \varepsilon\,e^{it}) i\varepsilon\,e^{it}\right) dt \\
&= a_{-1}\int_0^\pi i\,dt + i\varepsilon \int_0^\pi g(x_k + \varepsilon\,e^{it})\,e^{it}\,dt.
\end{aligned}$$

Da g nahe x_k beschränkt ist, ist der Beitrag des zweiten Summanden von der Ordnung $\mathcal{O}(\varepsilon)$. Somit wurde gezeigt:

Satz 10.2 *Sei wieder f die schlichte Abbildung von H auf das Polygon P. Gilt $\alpha_k = 0$ in $f(x_k) = \infty$ und ist $k < n$, so folgt:*

$$f(x_k - \varepsilon) - f(x_k + \varepsilon) = i\pi\,a_{-1} + \mathcal{O}(\varepsilon) \quad (\varepsilon \to 0).$$

Dabei ist a_{-1} das Residuum von f' an der Stelle x_k.

Beispiel

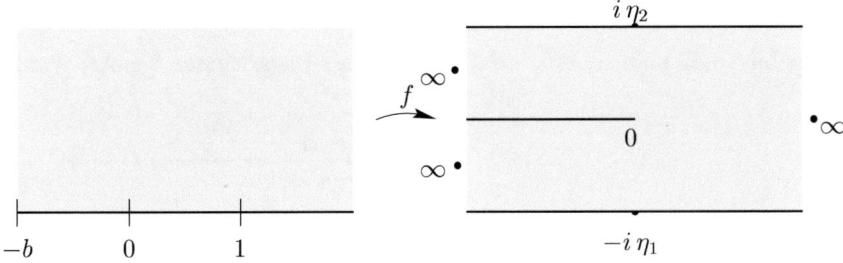

Die rechte Seite ist ein Viereck in $\widehat{\mathbb{C}}$. Drei Urbilder sind frei wählbar, z.B.: $0, 1, \infty$. Das vierte Urbild liegt fest: $-b$ für ein $b > 0$.

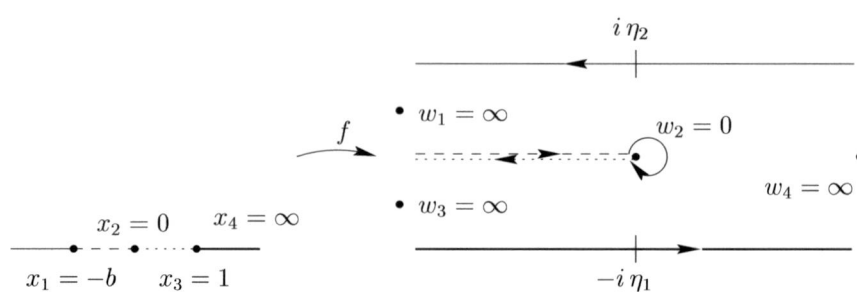

x_j	$-b$	0	1	∞
w_j	∞	0	∞	∞
α_j	0	2	0	0

(*Probe*: Innenwinkelsumme ist $2 = 4 - 2$.),

d.h. $f'(z) = A\,(z+b)^{-1}\,z^1\,(z-1)^{-1}$. Daraus folgt

$$\begin{aligned}
w = f(z) &= A\int \frac{z}{(z-1)(z+b)}\,dz + B \\
&= A\int \frac{1}{1+b}\left(\frac{1}{z-1} + \frac{b}{z+b}\right)dz + B \\
&= \frac{A}{1+b}\left[\log(z-1) + b\log(z+b)\right] + B \quad (z \in H).
\end{aligned}$$

Aus $f(0) = 0$ erhalten wir

$$0 = \frac{A}{1+b}[\log(-1) + b\log b] + B\,,$$

also $B = -\dfrac{A}{1+b}\left[i\pi + b\ln b\right].$

(Spätestens hier muß man wissen, welcher Zweig des Logarithmus benutzt wurde!)

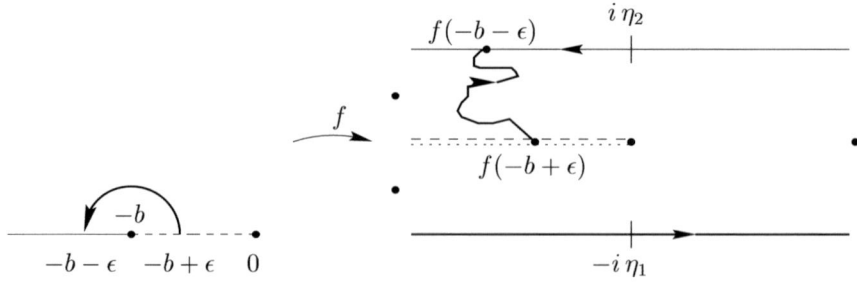

Fehlt noch die Bestimmung von A und b. Nach Satz 10.2 gilt:
$$f(-b-\varepsilon) - f(-b+\varepsilon) = i\pi \operatorname{Res}(f'; -b) + \mathcal{O}(\varepsilon)$$
für $\varepsilon \to 0$. Wegen
$$f'(z) = \frac{Ab}{1+b}\frac{1}{z+b} + \frac{A}{1+b}\frac{1}{z-1}$$
folgt
$$\operatorname{Res}(f'; -b) = \frac{Ab}{1+b}$$
und somit $\eta_2 - 0 = \operatorname{Im}\{f(-b-\varepsilon) - f(-b+\varepsilon)\} = \operatorname{Im}\left\{i\frac{Ab\pi}{1+b} + \mathcal{O}(\varepsilon)\right\}.$

Dies gilt für alle $0 < \varepsilon < b$. Daher folgt für $\varepsilon \to 0$ ($b > 0$):
$$\eta_2 = \operatorname{Im}\left\{i\frac{Ab\pi}{1+b}\right\}.$$

Nun ist A *reell*, denn für $-b < x < 1$ gilt $f(x) < 0$, also ist $f'(x)$ reell (Differenzenquotient!):
$$\underbrace{f'(x)}_{\in \mathbb{R}} = A \underbrace{\frac{x}{(x+b)(x-1)}}_{\in \mathbb{R}}.$$

Damit gilt $\eta_2 = \frac{Ab\pi}{1+b}$, und wir erhalten für A:
$$A = \frac{(1+b)\eta_2}{b\pi}.$$

Als letztes muß noch b bestimmt werden. Dafür gehen wir einen ganz ähnlichen Weg.

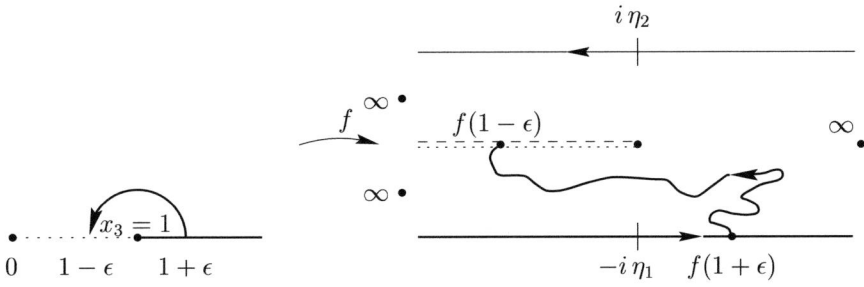

Aus Satz 10.2 folgt
$$f(1-\varepsilon) - f(1+\varepsilon) = i\pi \operatorname{Res}(f'; 1) + \mathcal{O}(\varepsilon)$$

für $\varepsilon \to 0$. Aus $f'(z) = \frac{A}{1+b}\frac{1}{z-1} + \frac{Ab}{1+b}\frac{1}{z+b}$ erhalten wir

$$\text{Res}\,(f';1) = \frac{A}{1+b} \in \mathbb{R},$$

da $A, b \in \mathbb{R}$. Also gilt:

$$\begin{aligned} 0 - (-\eta_1) &= \text{Im}\,\{f(1-\varepsilon) - f(1+\varepsilon)\} \\ &= \text{Im}\,\left\{i\frac{A\pi}{1+b} + \mathcal{O}(\varepsilon)\right\}. \end{aligned}$$

Aus obigem folgt für $\epsilon \to 0$:

$$\eta_1 = \frac{A\pi}{1+b}.$$

Die Zahl b erhält man dann aus

$$\frac{\eta_2}{\eta_1} = \frac{Ab\pi}{1+b} \Big/ \frac{A\pi}{1+b} = b,$$

also

$$b = \frac{\eta_2}{\eta_1}.$$

Insgesamt folgt für die Abbildung des Vierecks:

$$f(z) = \frac{\eta_1}{\pi}\left[\log(z-1) + \frac{\eta_2}{\eta_1}\log\left(z + \frac{\eta_2}{\eta_1}\right)\right] - \frac{\eta_1}{\pi}\left[i\pi + \frac{\eta_2}{\eta_1}\ln\left(\frac{\eta_2}{\eta_1}\right)\right].$$

Nun folgt eine Modifikation für den Fall $x_n = \infty$, $\alpha_n = 0$:

Satz 10.3 *Sei f die schlichte Abbildung von H auf das Polygon P mit $x_n = \infty$ und $f(\infty) = \infty$. Es sei $\alpha_n = 0$ in $f(\infty) = \infty$. Dann gilt*

$$\begin{aligned} f'(z) &= \frac{a_{-1}}{z} + \frac{a_{-2}}{z^2} + \ldots \quad |z| \geq R_0, \text{Im}\,z > 0, \\ f(-R) - f(+R) &= a_{-1}i\pi + \mathcal{O}\left(\frac{1}{R}\right) \quad (R \to \infty). \end{aligned}$$

Beweis: Die Laurententwicklung für f' erhält man aus der Schwarz-Christoffel-Formel III wegen $\alpha_n = 0$, denn mit $f'(z) = A\prod_{k=1}^{n-1}(z - x_k)^{\alpha_k - 1}$ folgt:

$$\begin{aligned} \frac{f''(z)}{f'(z)} &= (\log f'(z))' = \left(\sum_{k=1}^{n-1}(\alpha_k - 1)\log(z - x_k)\right)' \\ &= \sum_{k=1}^{n-1}(\alpha_k - 1)\frac{1}{z - x_k}. \end{aligned}$$

Kapitel 10. Konstantenbestimmung über Residuen

Verwendet man $\frac{1}{z-x_k} = \frac{1}{z}\frac{1}{1-\frac{x_k}{z}} = \frac{1}{z} + \sum_{j=1}^{\infty}\frac{x_k^j}{z^{j+1}}$, so folgt für $|z| > R_0 := \max_{k=1,\ldots,n-1}|x_k|$:

$$\frac{f''(z)}{f'(z)} = \left[\sum_{k=1}^{n-1}(\alpha_k - 1)\right] \cdot \frac{1}{z} + \sum_{j=2}^{\infty} b_j \frac{1}{z^j}.$$

Nach Voraussetzung gilt $\alpha_n = 0$ sowie die Winkelsummenbedingung $n - 2 = \sum_{k=1}^{n}\alpha_k = \sum_{k=1}^{n-1}\alpha_k$, d.h. $\sum_{k=1}^{n-1}(\alpha_k - 1) = (n-2) - (n-1) = -1$. Einsetzen liefert:

$$\frac{f''(z)}{f'(z)} = -\frac{1}{z} + \sum_{j=2}^{\infty} b_j \frac{1}{z^j} \quad (|z| > R_0).$$

Mit der Integrationskonstante b_0 folgt für $|z| > R_0$:

$$\log f'(z) + \log z = b_0 - \sum_{j=2}^{\infty} \frac{b_j}{j}\frac{1}{z^{j-1}}$$
$$=: H(z).$$

Nach Konstruktion ist $H(z)$ holomorph in $\{|z| > R_0\} \cup \{\infty\}$. Wir erhalten

$$zf'(z) = e^{H(z)}.$$

Auch die Funktion $e^{H(z)}$ ist holomorph in $\{|z| > R_0\} \cup \{\infty\}$, folglich hat sie eine Laurententwicklung der Form:

$$e^{H(z)} =: a_1 + \frac{a_2}{z} + \ldots$$

Also ergibt sich für $f'(z)$ die gesuchte Entwicklung:

$$f'(z) = \frac{1}{z}e^{H(z)} = \frac{a_1}{z} + \frac{a_2}{z^2} + \ldots$$

Zum Beweis der zweiten Aussage integrieren wir längs Γ_R (Skizze):

$$\begin{aligned}
f(-R) - f(R) &= \int_{\Gamma_R} f'(z)\,dz \\
&= \int_{\Gamma_R}\left(\frac{a_{-1}}{z} + \frac{a_{-2}}{z^2} + \ldots\right)dz \\
&= \int_0^\pi \frac{a_{-1}}{Re^{it}} iRe^{it}\,dt + \mathcal{O}\left(\frac{1}{R}\right) \\
&= a_{-1} i\pi + \mathcal{O}\left(\frac{1}{R}\right) \quad (R \to \infty).
\end{aligned}$$

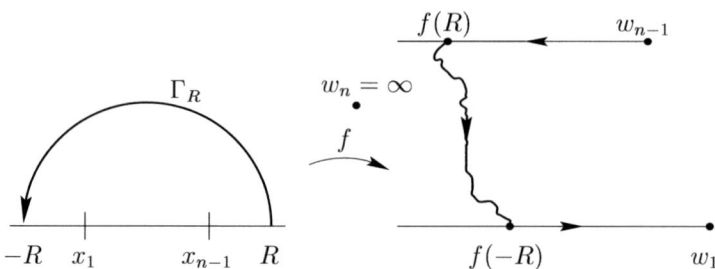

Beispiel vgl. Beispiel 9.2

Zuerst wiederholen wir, was wir in Kapitel 9 bereits gezeigt hatten. Für den letzten Schritt ist zu beachten, daß $|z| > R_0$ und $\operatorname{Im} z > 0$ gilt:

$$\begin{aligned} f'(z) &= A z^{\theta-1} (z-1)^{-\theta} \\ &= A \frac{1}{z} \left(\frac{z-1}{z} \right)^{-\theta} \\ &= A \frac{1}{z} \left(1 - \frac{1}{z} \right)^{-\theta} \\ &= A \frac{1}{z} + \text{absteigende Terme}, \end{aligned}$$

d.h. $a_{-1} = A$. Aus Satz 10.3 folgt nun

$$f(-R) - f(R) = i\pi a_{-1} + \mathcal{O}\left(\frac{1}{R}\right) = Ai\pi + \mathcal{O}\left(\frac{1}{R}\right) \qquad (R \to \infty).$$

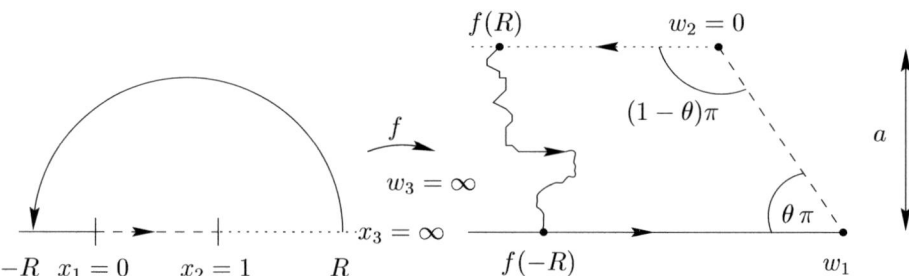

Im weiteren erhält man dann (aus Beispiel 9.2 wissen wir bereits, daß A reell ist)

$$\begin{aligned} -a - 0 &= \operatorname{Im} \{f(-R) - f(R)\} \\ &= \operatorname{Im} \left\{ Ai\pi + \mathcal{O}\left(\frac{1}{R}\right) \right\} \qquad (R \to \infty). \end{aligned}$$

Kapitel 10. Konstantenbestimmung über Residuen

Wir erhalten für $R \to \infty$:
$$a = -A\pi, \text{ also } A = -\frac{a}{\pi} \quad \text{(vgl. Beispiel 9.2)}.$$

Folgerung: Aus $|w_2 - w_1| = |w_1| = \int_0^1 |f'(x)|\,dx$ und $\frac{a}{|w_1|} = \sin(\pi\theta)$, d.h. $|w_1| = \frac{a}{\sin(\pi\theta)}$, ergibt sich:
$$\int_0^1 |f'(x)|\,dx = \frac{a}{\pi} \int_0^1 x^{\theta-1}(1-x)^{-\theta}\,dx = |w_1| = \frac{a}{\sin(\pi\theta)}.$$

Somit haben wir das Ergebnis (ohne Bronstein!):
$$\int_0^1 \frac{dx}{(1-x)^\theta x^{\theta-1}} = \frac{\pi}{\sin(\pi\theta)}.$$

Kapitel 11

Konstantenbestimmung mittels Schleifenintegralen

Es sei nun wieder $\alpha_k = 0$ in $w_k = \infty$. Nach Satz 10.1 hat f' einen Pol erster Ordnung in $z = x_k$, d.h. f' ist holomorph in $G \setminus \{x_k\}$.

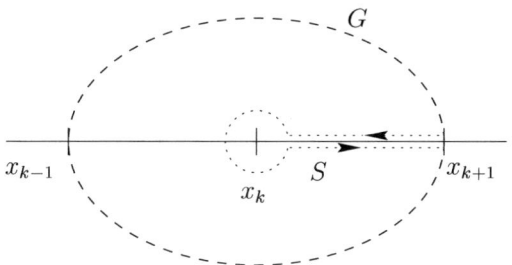

Problem: Berechne $\int_S f'(z)\,dz$.

Der *Residuensatz* liefert
$$\int_S f'(z)\,dz = 2\pi i \operatorname{Res}(f'; x_k),$$
da die hin und her durchlaufene Strecke keinen Beitrag liefert.

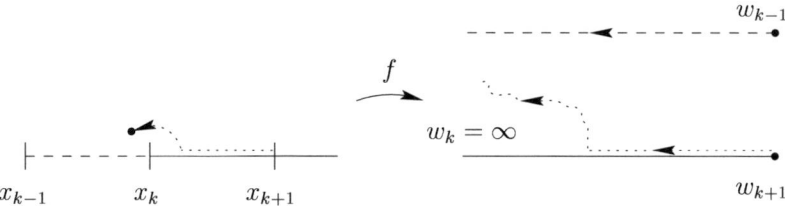

Andererseits gibt es die Stammfunktion $f(z)$ in $G \cap H$. Nach dem Spiegelungsprinzip ist f holomorph fortsetzbar über das Intervall (x_{k-1}, x_k) durch Spiegelung an der Polygonstrecke von w_{k-1} nach $w_k = \infty$.

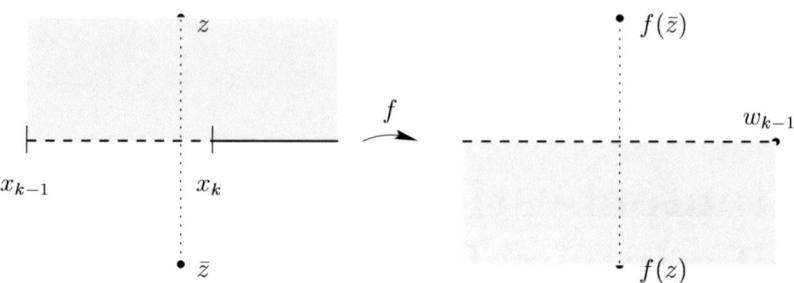

$f(\bar{z})$ ist der Spiegelpunkt von $f(z)$ an der Polygonstrecke von w_{k-1} nach $w_k = \infty$.

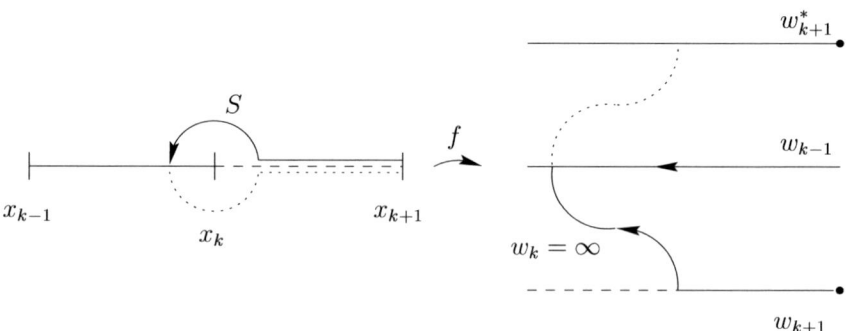

Sei w_{k+1}^* der Spiegelpunkt von w_{k+1} an der Polygonstrecke von w_{k-1} nach $w_k = \infty$. Wir erhalten dann

$$\int_S f'(z)\,dz = f(x_{k+1} - i0) - f(x_{k+1} + i0) = w_{k+1}^* - w_{k+1}.$$

(Die Terme $-i0$ und $+i0$ sollen andeuten, daß man hier einen entsprechenden Grenzübergang machen muß.)

Beide Überlegungen zusammen ergeben:

Satz 11.1 *Sei f die schlichte Abbildung von H auf das Polygon P. Gilt $\alpha_k = 0$ in $w_k = \infty$ und $k+1 \leq n$, so folgt:*

$$w_{k+1}^* - w_{k+1} = 2\pi i \operatorname{Res}(f'; x_k).$$

Dabei bezeichnet w_{k+1}^* den Spiegelpunkt von w_{k+1} an der Polygonstrecke von w_{k-1} nach $w_k = \infty$.

Sei nun $\alpha_n = 0$ für $x_n = \infty$, also $f(\infty) = \infty$.

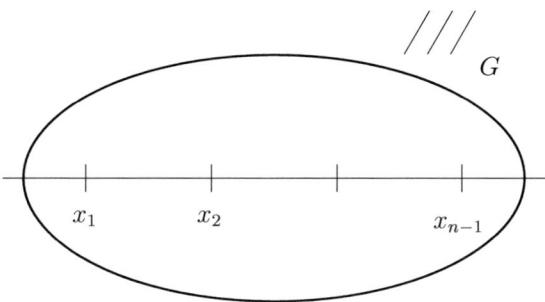

Die Schwarz-Christoffel-Formel für f' zeigt, daß f' holomorph in $G \cup \{\infty\}$ ist und daß gilt (s. Satz 10.3):
$$f'(z) = \frac{a_{-1}}{z} + \frac{a_{-2}}{z^2} + \ldots \quad |z| > R_0.$$
Wiederum wollen wir das Integral $\int_\Gamma f'(z)\, dz$ berechnen.

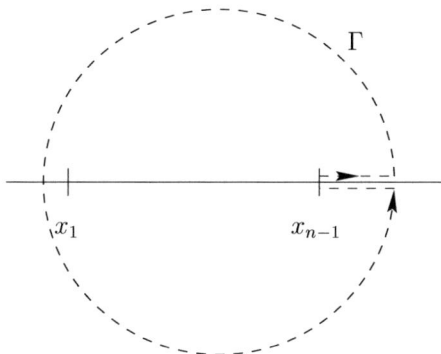

Wieder trägt die hin und her durchlaufene Strecke nichts bei, und es gilt:
$$\begin{aligned}\int_\Gamma f'(z)\, dz &= \oint_{|z|=R} \left(\frac{a_{-1}}{z} + \sum_{k=2}^{\infty} a_{-k} \frac{1}{z^k} \right) dz \\ &= 2\pi i a_{-1}.\end{aligned}$$

Die Terme der Summe haben eine Stammfunktion, d.h. das Integral über den Kreis verschwindet.

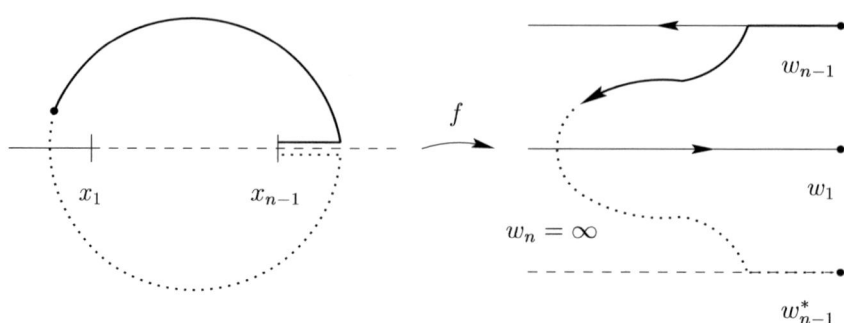

Spiegelung an dem Intervall $(-\infty, x_1)$ ergibt wie oben

$$\int_\Gamma f'(z)\,dz = w_{n-1}^* - w_{n-1}.$$

Satz 11.2 *Sei f die schlichte Abbildung von H auf das Polygon P. Für $x_n = \infty$ und $\alpha_n = 0$ in $w_n = \infty$ gilt zunächst*

$$f'(z) = \frac{a_{-1}}{z} + \frac{a_{-2}}{z^2} + \ldots \quad (|z| > R_0)$$

für ein genügend großes R_0, sowie

$$w_{n-1}^* - w_{n-1} = 2\pi i a_{-1}.$$

Dabei bezeichnet w_{n-1}^* den Spiegelpunkt von w_{n-1} an der Polygonstrecke von $w_n = \infty$ nach w_1.

Kapitel 11. Konstantenbestimmung mittels Schleifenintegralen — 101

Beispiel: *abgeknickter Kanal*

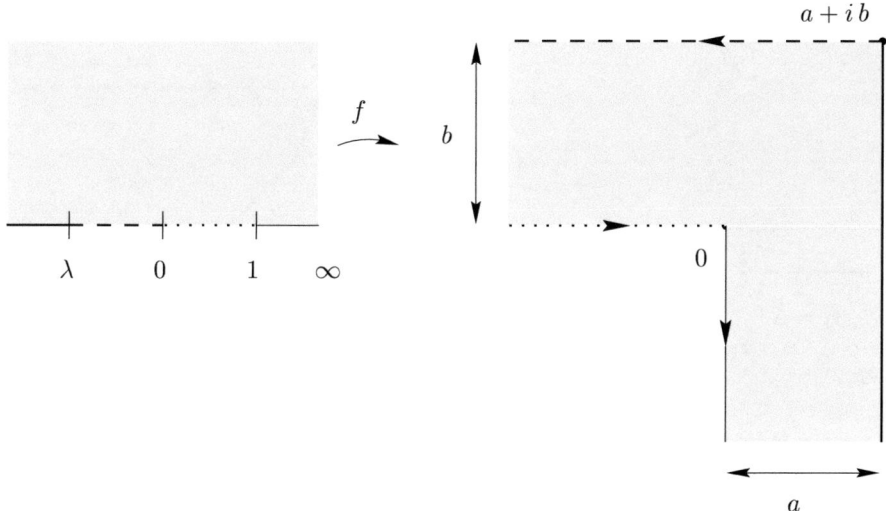

Wir wählen wieder drei Urbilder frei aus (s. Skizze). Das vierte ist $\lambda < 0$ und unbekannt.

x_j	$\lambda < 0$	0	1	∞
w_j	$a+ib$	∞	0	∞
α_j	$\frac{1}{2}$	0	$\frac{3}{2}$	0

also $f'(z) = A\,(z-\lambda)^{-1/2}\, z^{-1}\,(z-1)^{1/2}$.

Übung: Zeige, daß für Im $z > 0$ gilt: $(z-\lambda)^{-1/2}\,(z-1)^{1/2} = \left(\frac{z-1}{z-\lambda}\right)^{1/2}$.

(Hinweis: Die Möbiustranformation $\frac{z-1}{z-\lambda}$ bildet $\mathbb{R}$ auf $\mathbb{R}$ ab. Aus $\lambda < 0$ folgt, daß die Ableitung $\frac{1-\lambda}{(z-\lambda)^2}$ für reelle z immer größer als Null ist. Somit liefert die Orientierungstreue, daß $\frac{z-1}{z-\lambda}$ eine Abbildung von H nach H ist.)

Es gilt $\alpha_2 = 0$ für $w_2 = \infty$. Sei w_3^* der Spiegelpunkt von w_3 an der Polygonstrecke von w_1 nach $w_2\infty$. Dann gilt

$$w_3^* = 2bi.$$

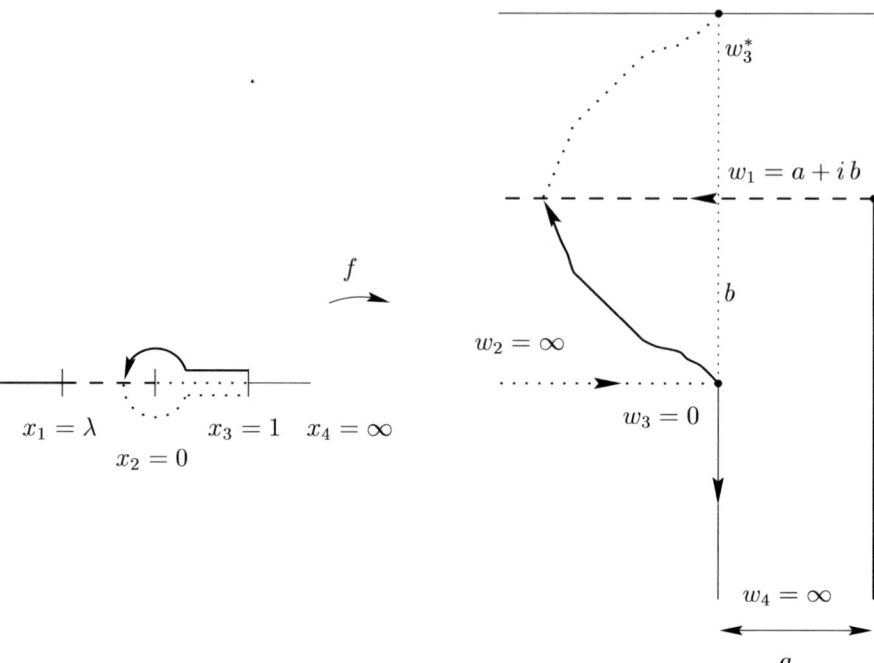

Nach Satz 11.1 folgt:
$$w_3^* - w_3 = 2\pi i \operatorname{Res}(f'; x_2).$$
Also müssen wir noch das Residuum von f' an der Stelle $x_2 = 0$ berechnen:
$$\begin{aligned}
f'(z) &= \frac{A}{z}\left(\frac{z-1}{z-\lambda}\right)^{1/2} \\
&= \frac{A}{z}\left(\frac{1}{\lambda} + \mathcal{O}(z)\right)^{1/2} \\
&= \underbrace{A\left(\frac{1}{\lambda}\right)^{1/2}}_{=a_{-1}}\frac{1}{z} + \text{holomorphe Terme}.
\end{aligned}$$

Also erhalten wir $\operatorname{Res}(f'; 0) = A\left(\frac{1}{\lambda}\right)^{\frac{1}{2}}$ sowie
$$w_3^* - w_3 = 2bi = 2\pi i A \left(\frac{1}{\lambda}\right)^{1/2} \stackrel{\lambda < 0}{=} 2\pi i A \frac{i}{\sqrt{|\lambda|}},$$
d.h.
$$(1) \quad A = \frac{b\sqrt{|\lambda|}}{\pi i}.$$

Nun verwenden wir Satz 11.2 für die folgende Situation:

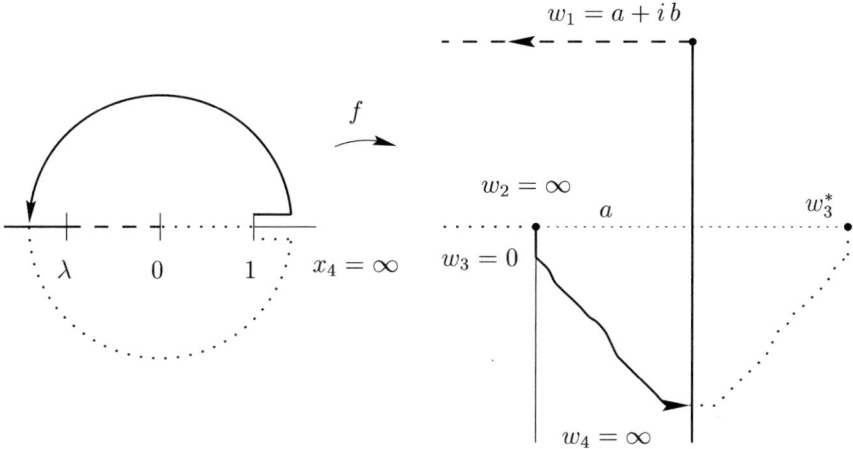

Jetzt sei w_3^* der Spiegelpunkt von w_3 an der Polygonstrecke von $w_4 = \infty$ nach $w_1 = a + ib$, siehe Abbildung, d.h. $w_3^* = 2a$. Es gilt

$$\begin{aligned} f'(z) &= A\frac{1}{z}\left(\frac{z-1}{z-\lambda}\right)^{1/2} \\ &= A\frac{1}{z}\left(1 + \mathcal{O}\left(\frac{1}{z}\right)\right)^{1/2} \\ &= \frac{A}{z} + \mathcal{O}\left(\frac{1}{z^2}\right) \quad (z \to \infty)\,. \end{aligned}$$

Daraus folgt $a_{-1} = A$. Mit Satz 11.2 gilt:
$$2a = w_3^* - w_3 = 2\pi i a_{-1} = 2\pi i A,$$
also
$$(2)\quad A = \frac{a}{\pi i}.$$

Aus (1) und (2) folgt
$$\frac{a}{\pi i} = A = \frac{b\sqrt{|\lambda|}}{\pi i},$$
d.h. $-\lambda = |\lambda| = \frac{a^2}{b^2}.$

Damit haben wir alle Konstanten bestimmt: $\lambda = -\frac{a^2}{b^2}$, $A = \frac{a}{\pi i}$. Es folgt:

$$f'(z) = \frac{a}{\pi i}\frac{1}{z}\left(\frac{z-1}{z+\frac{a^2}{b^2}}\right)^{1/2}.$$

Bemerkung: Die Integration von f' ist möglich durch die Substitution
$$u := \left(\frac{z-1}{z + \frac{a^2}{b^2}} \right)^{1/2}.$$

Aufgabe: Substitution ausführen. Ergebnis?

Kapitel 12

Das Feld eines Plattenkondensators

Wir denken uns einen „ebenen", halbunendlichen Kondensator, an dessen Platten die Spannung $+V$ bzw. $-V$ anliegt. Gesucht sind die Gleichungen für die Feld- und Äquipotentiallinien. Den Kondensator realisieren wir als das Äußere zweier paralleler Halbgeraden. Um das komplexe Potential bestimmen zu können, brauchen wir die schlichte Abbildung g auf einen Streifen, denn wir müssen zwei verschiedene Randbedingungen, nämlich $\operatorname{Im} g = \pm V$, auf der Berandung erfüllen.

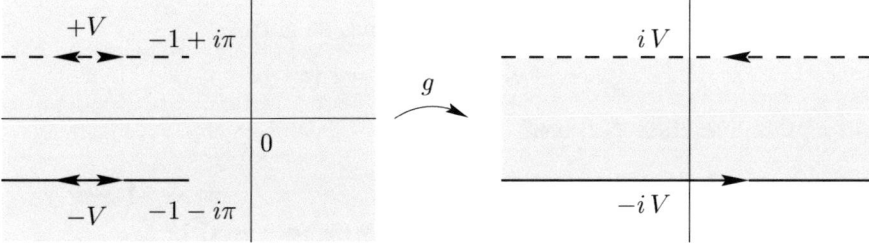

Normalerweise entspricht $\operatorname{Im} g = $ const. einer Stromlinie, daher ist nun das gesuchte elektrische komplexe Potential $\chi_{el} = -ig$. Wegen der Symmetrie der Vorgaben und des Spiegelungsprinzips ist das Problem gelöst, wenn wir eine Abbildung der „oberen Kondensatorhälfte" auf die obere Streifenhälfte finden, die zudem $\mathbb{R}$ auf $\mathbb{R}$ abbildet.

Bemerkung: g ist also das komplexe Potential für das entsprechende strömungsmechanische Problem. In diesem Fall muß man für die Übersetzung zum elektrostatischen Problem mit $-i$ multiplizieren (vgl. Kapitel 2).

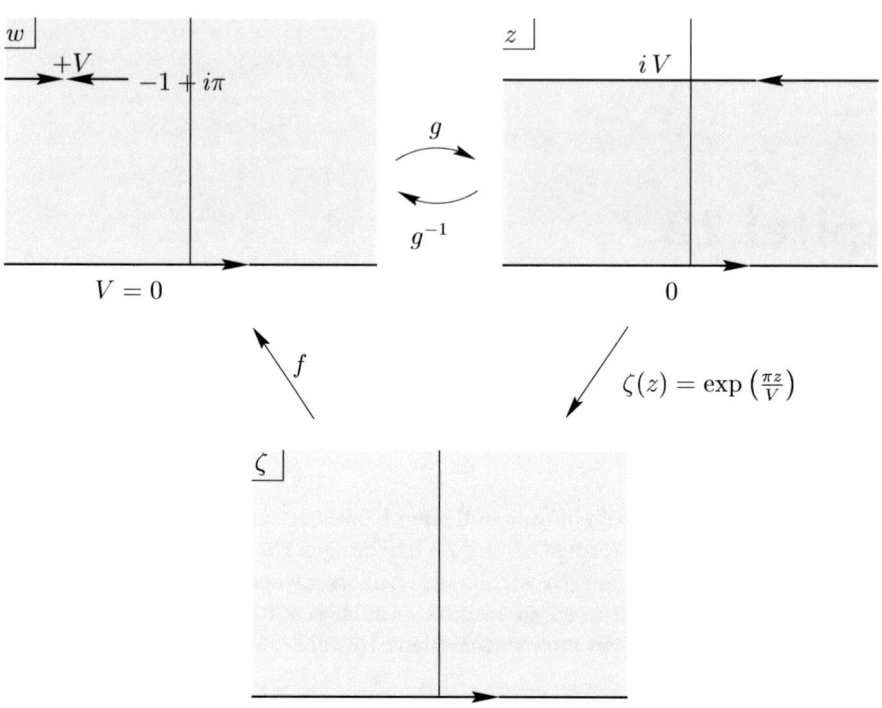

Ist die Funktion f in dem obigen Diagramm bekannt, so gilt:
$$\chi_{el} = -i\, g, \qquad g^{-1}(z) = f\left(e^{\frac{\pi z}{V}}\right).$$
Wie sieht nun die Funktion $f(z)$ aus?

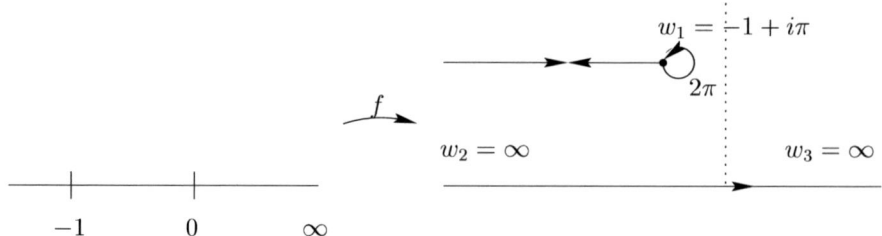

Wir suchen also die Schwarz-Christoffel-Funktion $f(z)$ mit den Punkten:

x_j	-1	0	∞
w_j	$-1 + i\pi$	∞	∞
α_j	2	0	-1

Kapitel 12. Das Feld eines Plattenkondensators

also $f'(z) = A(z+1)^1 z^{-1} = A\left(1 + \dfrac{1}{z}\right)$.

Nebenbemerkung: Es gilt natürlich wieder $\sum_{j=1}^{3} \alpha_j = 3 - 2 = 1$.
Damit erhalten wir für f:
$$f(\zeta) = A[\zeta + \log \zeta] + B.$$

Bestimmung von A und B:
$$f(-1) = -1 + i\pi = A[-1 + i\pi] + B.$$

Für $B = 0$ und $A = 1$ ist diese Bedingung erfüllt. Also probieren wir $f(\zeta) = \zeta + \log \zeta$. Dafür betrachten wir die Ränderzuordnung:

$z = x < -1$: $f(x) = x + \ln|x| + i\pi$,
$-1 < x < 0$: $f(x) = x + \ln|x| + i\pi$.

Beachte: $\ln(u) - u$ hat ein absolutes Maximum für $u = 1$, ist monoton wachsend in $(0,1)$, monoton fallend in $(1, +\infty)$, d.h. die Strecke Im $w = \pi$ wird in der richtigen Orientierung doppelt durchlaufen!
Für $z = x > 0$ ist $f(x) = x + \ln(x)$ reell und streng monoton wachsend von $-\infty$ nach $+\infty$.
Also ist tatsächlich $A = 1$, $B = 0$ und $f(\zeta) = \zeta + \log \zeta$.
Für $g^{-1}(z) = f(e^{\pi z/V})$ folgt:
$$g^{-1}(z) = \frac{\pi}{V} z + e^{\frac{\pi}{V} z}.$$

Die Umkehrfunktion g von g^{-1} kann nicht elementar angegeben werden. Dies ist für die Berechnung der Äquipotentiallinien auch gar nicht nötig.
Für eine *Äquipotentiallinie* $w(t)$ von $\chi_{el} = -ig$ gilt:

$$\begin{aligned}
\operatorname{Re} \chi_{el} = \operatorname{Im} g(z) &= \text{const.} =: c \quad \text{mit } -V \leq c \leq +V, \\
\text{d.h. } g(w(t)) &= t + ic \quad \text{mit } -\infty < t < \infty, \\
\text{also } w(t) &= g^{-1}(t + ic) \\
&= \frac{\pi}{V}(t + ic) + e^{\frac{\pi}{V}(t+ic)}.
\end{aligned}$$

Somit gilt folgende Parameterdarstellung für die Äquipotentiallinien zum Potential $c \in (-V, V)$:

$$C: \begin{aligned} x(t) &= \tfrac{\pi}{V} t + e^{\frac{\pi}{V} t} \cos\left(\tfrac{\pi}{V} c\right) & t \in \mathbb{R} \\ y(t) &= \tfrac{\pi}{V} c + e^{\frac{\pi}{V} t} \sin\left(\tfrac{\pi}{V} c\right) & t \in \mathbb{R}. \end{aligned}$$

Berechnung der Feldstärkevektoren:
Interpretieren wir χ als komplexes Potential des Feldes, so gilt:

$$E(w) = -\overline{\left(\frac{d\chi_{el}(w)}{dw}\right)}$$

$$
\begin{aligned}
&= -i \overline{\left(\frac{dg(w)}{dw}\right)} \\
&= -i \frac{1}{\overline{\left(\frac{dg^{-1}(z)}{dz}\right)}} \\
&= -i \frac{1}{\overline{\left(\frac{\pi}{V}z + e^{\frac{\pi}{V}z}\right)'}} \\
&= -i \frac{V}{\pi} \frac{1}{1 + e^{\frac{\pi}{V}\overline{z}}}
\end{aligned}
$$

mit $z = g(w)$, d.h. $w = g^{-1}(z) = \frac{\pi}{V}z + e^{\frac{\pi}{V}z}$.

Für Punkte z des Kondensators nahe $-\infty$ gilt: $e^{\frac{\pi}{V}z} \approx 0$, $e^{\frac{\pi}{V}\overline{z}} \approx 0$, d.h.

$$
\begin{aligned}
E\left(\frac{\pi}{V}z\right) &\approx E\left(\frac{\pi}{V}z + e^{\frac{\pi}{V}z}\right) = -i\frac{V}{\pi}\frac{1}{1+e^{\frac{\pi}{V}\overline{z}}} \\
&\approx -i\frac{V}{\pi}.
\end{aligned}
$$

Man erhält somit näherungsweise das bekannte homogene Feld:

$$E_0 = -i\frac{V}{\pi}.$$

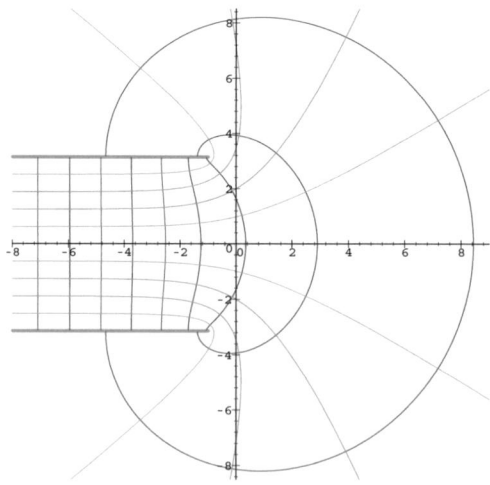

Abbildung 12.1: Plattenkondensator

Kapitel 13

Ausblick: Schlichte Abbildungen

Schlichte Abbildungen haben die angenehme Eigenschaft, Randpunkte des Definitionsgebietes auf Randpunkte des Bildgebietes abzubilden. Bekanntlich gilt $f'(z) \neq 0$ für jedes schlichte $f(z)$ im Gebiet G. (Wäre etwa $f(z) = f(z_0) + a_k(z-z_0)^k + \ldots$ nahe z_0 mit $k \geq 2$, so würde das Bildgebiet nahe $f(z_0)$ k-fach überdeckt, wie bei der Potenz $(z-z_0)^k$, d.h. f wäre nicht injektiv nahe z_0.) Die Forderung $f'(z) \neq 0$ in G reicht aber nicht aus, um Schlichheit für $f(z)$ zu garantieren, wie das Beispiel $f(z) = e^z$ für $G := \mathbb{C}$ lehrt.

Satz 13.1 *Es sei $f(z)$ holomorph im konvexen Gebiet G, d.h. die Verbindungsstrecke je zweier Punkte aus G liegt ebenfalls in G. Gilt dann* Re $f'(z) > 0$ *in* G, *so ist $f(z)$ schlicht in* G.

Bemerkung: Betrachtet man statt f die Abbildungen $-f$ (bzw. $-if$), so erhält man als Forderung: Re $f'(z) < 0$ (bzw. Im $f'(z) > 0$) in G.

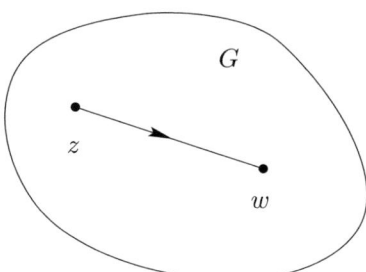

Beweis: Seien verschiedene Punkte $z, w \in G$ gegeben. Für den Verbindungsweg $\Gamma : [0,1] \to G$, $\zeta(t) = z + t(w-z)$ gilt: $\zeta'(t) = w - z$. Es folgt:

$$f(w) - f(z) = \int_z^w f'(\zeta)\,d\zeta$$
$$= \int_0^1 f'(\zeta(t))\,\zeta'(t)\,dt$$
$$= (w-z) \int_0^1 f'(\zeta(t))\,dt.$$

Dies ergibt
$$\frac{f(w)-f(z)}{w-z} = \underbrace{\int_0^1 \operatorname{Re} f'(\zeta(t))\,dt}_{>0} + i \int_0^1 \operatorname{Im} f'(\zeta(t))\,dt,$$

insbesondere folgt $f(z) \neq f(w)$.

Beispiel: Die Abbildung $f(z) := z + e^z$ aus Kapitel 12 mit $G := \{0 < \operatorname{Im} z < \pi\}$. Es folgt: $f'(z) = 1 + e^z$, also $\operatorname{Im} f'(z) = \operatorname{Im}(1 + e^x e^{iy}) = e^x \sin(y) > 0$ in G. Somit ist $f(z)$ schlicht in G.

Ausblick: Möbiustransformationen

Wir betrachten zunächst (den Schnitt) eines Kondensators, bestehend aus zwei geladenen konzentrischen Kreiszylindern. Die Feld- und Äquipotentiallinien sind natürlich bekannt.

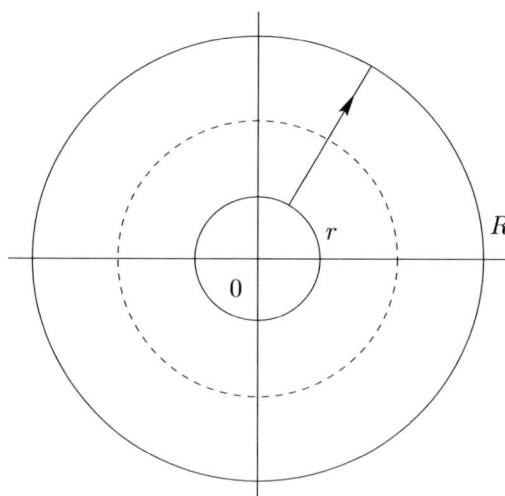

Was ergibt sich im Fall nichtkonzentrischer Kreiszylinder? Die Existenz des (elektrischen) komplexen Potentials χ_{el} sichert der Logarithmische Singularitätensatz. Wir setzen voraus, daß der Mittelpunkt des großen Kreises im kleinen Kreis enthalten ist.

Kapitel 13. Ausblick: Schlichte Abbildungen

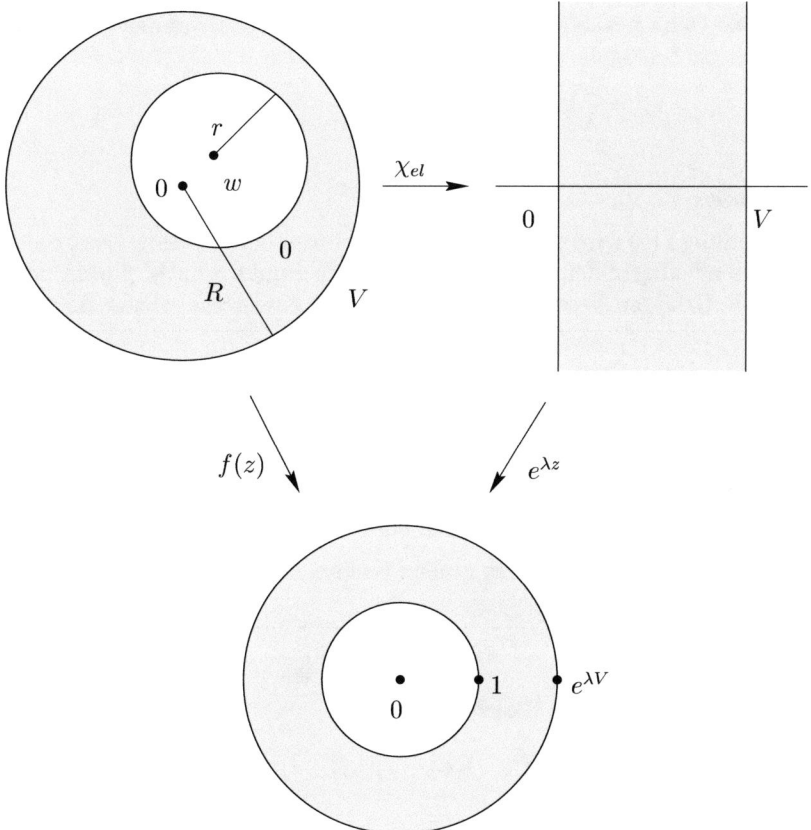

Glücklicherweise ist eine schlichte Abbildung $f(z) = e^{\lambda \chi_{el}(z)}$ bekannt und ziemlich einfach: Es ist eine Möbiustransformation. Für den Fall, daß 0 im kleinen Kreis enthalten ist, entnimmt man dem Tafelwerk von Kober folgende Abbildungsvorschrift:

$$f(z) = t\,\frac{e^{\lambda V}}{r} \cdot \frac{z - w + s\frac{w}{|w|}}{z - w + t\frac{w}{|w|}},$$

wobei s, t die beiden reellen Wurzeln des Gleichungssystems $st = r^2$, $(|w|-s)(|w|-t) = R^2$ sind.

Dabei gilt noch für den bisher unbekannten Wert λ:

$$e^{-\lambda V} = \frac{R}{r}\left|\frac{t}{|w|-t}\right|.$$

Wir erhalten also (man beachte die Mehrdeutigkeit des Logarithmus):

$$\chi_{el} = \frac{1}{\lambda} \log f(z) = \frac{1}{\lambda} \log \left[t \frac{e^{\lambda V}}{r} \frac{z - w + s\frac{w}{|w|}}{z - w + t\frac{w}{|w|}} \right].$$

Äquipotentiallinien: Re $\chi_{el} = c$ mit $0 \leq c \leq V$.
Unter der Abbildung $f(z)$ wird die Äquipotentiallinie mit dem Potentialwert c auf den Kreis mit dem Radius $e^{\lambda c}$ abgebildet (vgl. Skizze). Da kein Punkt z unter f nach ∞ abgebildet wird, müssen die Urbilder dieser Kreislinie wegen der Kreistreue wieder *Kreislinien* sein.
Feldlinien: Im $\chi_{el}(z) = c$ mit $-\infty < c < \infty$.
Unter der Abbildung $f(z)$ werden also die Feldlinien auf die Geradenstücke $\{\rho e^{i\lambda c} \,|\, 1 \leq \rho \leq e^{\lambda V}\}$ abgebildet, also auf Bögen verallgemeinerter Kreise durch 0 und ∞. Die Urbilder sind daher Bögen auf *verallgemeinerten Kreisen* durch die Punkte $f^{-1}(0) = s\frac{w}{|w|}$ und $f^{-1}(\infty) = t\frac{w}{|w|}$. Für die Äquipotential- und Feldlinien ergibt sich daher jeweils ein Kreisbüschel. Der Kreis einer Äquipotentiallinie schneidet den einer Feldlinie stets senkrecht.
Bemerkung: Ist der Mittelpunkt 0 des großen Kreises nicht im kleinen Kreis enthalten, so gilt analog:

$$f(z) = t \frac{e^{\lambda V}}{R} \frac{z + s\frac{w}{\overline{w}}}{z - t\frac{w}{\overline{w}}}$$

mit den reellen Wurzeln s, t des Gleichungssystems

$$st = R^2, \quad (|w| - s)(|w| - t) = r^2,$$

sowie

$$e^{-\lambda V} = \frac{r}{R} \left| \frac{t}{|w| - t} \right|.$$

Aufgabe: Bestimmen Sie χ_{el} für diesen Fall.

Literaturverzeichnis

A) Physik-Lehrbücher

[1] J.D. JACKSON: Classical Electrodynamics; John Wiley & Sons, New York, 1975.

[2] G. JOOS: Lehrbuch der theoretischen Physik; AULA-Verlag; Wiesbaden 1989

[3] C. GERTHSEN, H. VOGEL: Physik; Springer, Berlin, Heidelberg 1997

[4] W. GREINER, H. STOCK: Theoretische Physik, Band 2A: Hydrodynamik; Verlag Harri Deutsch, Frankfurt/Main 1978

B) Ingenieurdarstellungen: (Komplexe Potentiale)

[5] A. BETZ: Konforme Abbildungen; Springer, Berlin 1964.

[6] W. KAUFMANN: Technische Hydro- und Aeromechanik; Springer, Berlin 1958.

[7] K. MEYBERG, P. VACHENAUER: Höhere Mathematik 2; Springer, Berlin, 1992.

[8] L.M. MILNE-THOMSON: Theoretical Hydrodynamics; Macmillan & Co., New York, 1955.

[9] J.D. PALIOURAS, D.S. MEADOWS: Complex Variables for Scientists and Enineers; Macmillan & Co, New York, 1990.

[10] W. SCHNEIDER: Mathematische Methoden der Strömungsmechanik; Vieweg, 1978.

[11] E. MARTENSEN: Analysis IV; Spektrum, Akademischer Verlag, Heidelberg, 1995

C) Mathematische Darstellungen: (Speziell zur Schwarz-Christoffel-Formel bzw. konformen Abbildung)

[12] W. FISCHER, I. LIEB: Ausgewählte Kapitel der Funktionentheorie; Vieweg, 1988.

[13] S. D. FISHER: Complex variables, 2nd edition; Wadsworth & Brooks/Cole, mathematics series, 1990

[14] G. M. GOLUSIN: Geometrische Funktionentheorie; VEB Deutscher Verlag der Wissenschaften, Berlin, 1957.

[15] D. GAIER: Konstruktive Methoden der konformen Abbildung; Springer, Berlin, 1964.

[16] W. VON KOPPENFELS, F. STALLMANN: Praxis der konformen Abbildung; Springer, Berlin, 1959.

[17] M.A. LAWRENTJEW, B.W. SCHABAT: Methoden der komplexen Funktionentheorie, VEB Deutscher Verlag der Wissenschaften, 1967.

[18] G. SANSONE, J. GERRETSEN: Lectures on the theory of functions of a complex variable, II. Geometric theory; Wolters-Noordhoff, Groningen, 1969.

D) Tafelwerke: (Konforme Abbildung)

[18] Anhang zu [16]

[19] H. KOBER: Dictonary of conformal representations; Dover Publications, Inc., 1957.

Index

abgeknickter Kanal, 101
Äquipotentiallinien, 20
analytische Kontur, 54
Außenumströmung, 35

Dipol
   -achse, 24
   -moment, 23
   -potential,komplexes, 23
   -quelle, 23
   -strömung, 23, 29

Ecken im Unendlichen, 77
Ergiebigkeit, 14

Feld
   elektrisches, 19
   Geschwindigkeits-, 1
Feldlinien, 19
   -gleichung, 19
Fluß, 2

Geradentheorem, 59

Konstantenbestimmung
   mittels Residuen, 87
   mittels Schleifenintegralen, 97
Kontinuitätsgleichung, 5
Kontur, 35
konvexes Gebiet, 109
Kreistheorem, 57
Kutta-Joukowski, 47

Lemniskaten, 26
Logarithmischer Singularitätensatz, 15
logarithmische Spiralen, 22

Möbiustransformation, 110

Multipole, 27, 29

Parallelschlitzgebiet, 39
Plattenkondensator, 105
Polygon, 67
   -gebiet, 67
   Winkelsumme eines Jordan-s, 73
Potential
   komplexes, 7
   komplexes Dipol-, 23
   komplexes Quadrupol-, 26, 27
Potentialfunktion, 10, 19

Quadrupol, 25
   -potential, komplexes, 26, 27
   -strömung, 29
Quelle, 29
   mit fester Wand, 60
   zwischen zwei festen Wänden, 63
quellenfrei, 5
Quellenstärke, 14

Randbedingung, 36
   erste, 36
   zweite, 36
Riemannscher Abbildungssatz, 54

schlichte Abbildung, 109
Schwarz-Christoffel-Formel, 67, 69, 73, 79
Senke, 29
Spiegelungsprinzip, 59
   im elektrostatischen Fall, 63
Staupunkt, 51
Strömung, 1
   Dipol-, 23, 29
   durch einen Kanal, 85
   ebene, 1

Parallel-, 9, 29
  Quadrupol-, 29
  stationäre, 1
  um einen Knick, 29
Stromfunktion, 9, 19
Stromlinien, 9
  -gleichung, 9
  Schnittwinkel von, 53

Umströmung
  analytischer Konturen, 54
  Außen-, 35
  einer Tragfläche, 47
  eines Kreiszylinders, 49

Wand
  geladener Stab gegen isolierte, 61
  Quelle gegen feste, 60
  Quelle zwischen zwei festen Wänden, 63
Wirbel, 29
wirbelfrei, 5
Wirbelquelle, 22, 29

Zirkulation, 4